Antonia Schwarzkopf

Arbeiten mit Ponys

erziehen · motivieren · fördern

Müller Rüschlikon

Einbandgestaltung: Kornelia Erlewein

Titelbild: Archiv Antonia Schwarzkopf

Bildnachweis:
Kerstin Diacont: S. 6, 9 li, 15, 19, 22, 23 mitte + unten, 36 re unten, 55, 59 li (mit Dank an Anke und Hjördis Wilms und die Jugendlichen und Ponys des RuF Wackernheim)
Juliane Prasse: S. 8 re, 34, 45 unten re, 56, 82, 85, 86, 95
Anke Wilms: S. 10 li + mitte, S. 11 li, 53, 83 re
Alle anderen Fotos stammen von Matthias und Antonia Schwarzkopf

ISBN 978-3-275-01940-3

Postfach 103743, 70032 Stuttgart
Ein Unternehmen der Paul Pietsch Verlage GmbH & Co. KG
Lizenznehmer der Bucheli Verlags AG, Baarerstr. 43, CH-6304 Zug

1. Auflage 2013

Sie finden uns im Internet unter www.mueller-rueschlikon-verlag.de

Lektorat: Claudia König
Innengestaltung: Kerstin Diacont
Druck und Bindung: KoKo Produktionsservice, 70900 Ostrava
Printed in Czech Republic

Vorwort

Vorwort

Dieses Buch ist eines, das ich selbst – als Besitzerin eines Ponys, das als Reitpferd für mich zu klein ist – immer vergeblich in den Regalen der Buchhandlungen gesucht habe. Es soll in die Grundlagen der Arbeit mit Ponys einführen und Ponybesitzer Schritt für Schritt beim Aneignen des notwendigen Wissens unterstützen und begleiten. Darüber hinaus soll es Anfängern wie Fortgeschrittenen die Möglichkeit bieten, Neues zu entdecken und Bekanntes noch einmal nachzuschlagen und zu vertiefen. Ich möchte mich mit diesem Buch an all jene Pferdebesitzer und -pfleger wenden, die beispielsweise ein Pony als »Beistellpferd« angeschafft oder ihrem Kind ein Pony gekauft haben, sich aber ebenso mit dessen Erziehung und Ausbildung beschäftigen möchten. Aber auch an all die Jugendlichen, die über die Reitphase hinaus mit ihrem nun »zu kleinen« Pony Spaß haben möchten. Jeder Ponyhalter, der sich darüber im Klaren ist, dass man ein Pony nicht einfach irgendwo »abstellen« kann, sollte sich von meinem Buch angesprochen fühlen.

In erster Linie möchte ich einen Weg aufzeigen, der zu einem vielseitigen, artigen, mitdenkenden und solide ausgebildeten Pony führt. Meiner Meinung nach verlangt die Erziehung eines Ponys dem Besitzer zum Teil andere Voraussetzungen ab, als dem Halter eines Großpferdes. Hier sind eine besondere Kenntnis der Wesensart von Ponys sowie ein einfaches und leicht nachvollziehbares Erziehungskonzept erforderlich. Ohne Schnörkel und auf den immer gleichen Grundprinzipien basierend, soll der Leser mit dem nötigen Rüstzeug ausgestattet werden, um eine harmonische Beziehung mit einem nicht zu unterschätzenden Partner aufzubauen.

Der Aufbau der Kapitel ist jedes Mal gleich und soll es dem Leser erleichtern, alles Wichtige auf Anhieb zu finden.

So werden die elementarsten Fragen aufgegriffen und in immer gleicher Reihenfolge erläutert: An welchen Orten kann ich diese Übungen durchführen? Mit welcher Ausrüstung sollte ich möglichst arbeiten? Welche Voraussetzungen sollte mein Pony für diese Arbeit mitbringen? Auf welchem Grundprinzip basieren die Lektionen? Wie gehe ich vor?

Es handelt sich also um eine Art »Bedienungsanleitung« für jeden Arbeitsbereich, die einfach zu durchschauen und ganz konkret ist.

Möge dieses Buch mithelfen, Ponys in der Reiterwelt einen neuen Status zu verschaffen und zur Arbeit mit Ihnen anzuregen – dafür wurde es geschrieben.

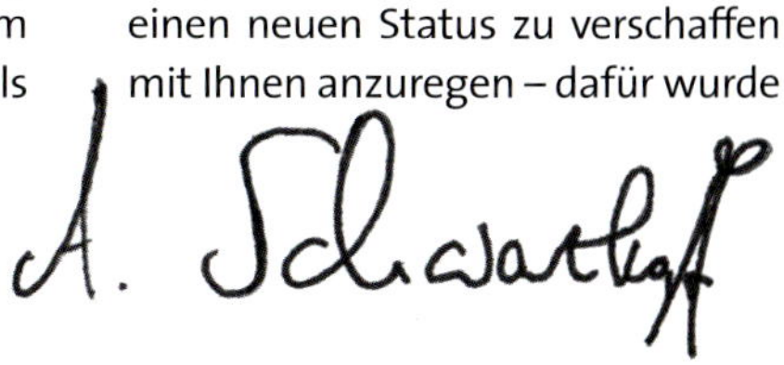

Widmung

Ich möchte dieses Büchlein meiner Tochter Paula Helene widmen, die mich von Anbeginn ihres Lebens bei der Entstehung begleitet hat, sowie meinem Mann Matthias. Danke für Deine tatkräftige Unterstützung, Deinen unermüdlichen Zuspruch und Dein Vertrauen, die dieses Projekt erst möglich gemacht haben.

1 Ponys – Partner mit individuellen Bedürfnissen

1. Ponys – Partner mit individuellen Bedürfnissen

1.1. Der Ponycharakter

Was ist eigentlich ein Pony?

Ponys und Pferde unterscheidet weit mehr als nur ihre Körpergröße. Aus organisatorischen Gründen auf Turnieren und in der Zucht hat man dem Begriff Pony all jenen Pferden zugeordnet, die ein Stockmaß (gemessen wird die Widerristhöhe) von weniger als 1,48 m aufweisen. Trotzdem gibt es auch Ponys, die über diese Marke hinauswachsen, aber eben doch alle Kennzeichen eines Ponys haben. Doch was zeichnet ein Pony aus? Als Ponys werden vornehmlich kleinwüchsige Pferde bezeichnet, deren Exterieur und Interieur dem sogenannten Nordpferde- oder Primitivpferdetyp entspricht. Primitiv ist hier im Sinne von ursprünglich gemeint und eben diese »Naturbelassenheit« ist es auch, auf welche viele Ponybesitzer so stolz sind. Von allen Haustieren des Menschen ist das Pony bis heute jenes, das sich am wenigsten weit von seinen wilden Stammformen weg entwickelt hat

Ihrer genetischen Nähe zu den nordischen Urformen verdanken sie ihre typischen Charaktereigenschaften. Der Begriff »nordisch« ist hier in Bezug auf die Typenbezeichnung zu verstehen, denn Ponys bewohnen ebenso die Pampas Südamerikas wie die weiten Steppen in Zentralasien oder die nordeuropäischen Regionen. Als typisch können ihr wacher Verstand und naturnaher Instinkt, eine optimale Futterverwertung und die sprichwörtliche Charakterfestigkeit gelten. Ponys wissen sich immer zu helfen. Das macht die Arbeit mit ihnen so interessant, denn ein Ponybesitzer wird immer den Eindruck und das Glück haben, mit einem mitdenkenden Partner arbeiten zu dürfen. Ein Pony wird niemals auf Knopfdruck funktionieren, sondern vielmehr mit Ihnen gemeinsam Entscheidungen treffen, wenn Sie das zulassen.

Ihre natürliche Heimat – meist unwirtliche, karge und bergige Landschaften – macht es für Ponyrassen vor allem wichtig, ihre Kräfte intelligent einzusetzen, den Nährstoffbedarf trotz rarer Futtermengen zu decken und sich vor Gefahren und Unwetter zu schützen. Diese Besonderheiten zeichnen unsere Ponyrassen heute noch aus.

So ist auch der berühmte »Ponydickkopf« zu erklären. Diese angebliche Sturheit oder Eigenwilligkeit ist das Resultat ihrer außerordentlichen Intelligenz. Nicht, dass ein Großpferd weniger intelligent wäre, doch diese Intelligenz beruht auf ganz anderen Grundgegebenheiten und äußert sich anders: Ein Pony, das in steinigem und unwegsamem Gelände nach spärlicher Nahrung sucht, würde sich in vielen Fällen in Lebensgefahr begeben, wenn es – seinem Instinkt blind folgend – panisch vor einer (scheinbaren) Bedrohung fliehen würde. Besser ist es hier, sich die Situation genau zu besehen, abzuwägen und notfalls mal die Hinterhufe oder das starke Gebiss einzusetzen, um sich zu verteidigen. So sind viele Ponys eher bereit auszuteilen, wenn sie sich in die Enge gedrängt fühlen, als sich zurückzuziehen oder zu fliehen. Sie sind ausgesprochen mutig, selbstbewusst und handeln in aller Regel überlegt.

Wer in einer solchen Landschaft beheimatet ist, sollte eher verhaltene Fluchtreflexe haben – das macht das Longieren beispielsweise manchmal zu einer anstrengenden Angelegenheit für den Longenführer. Norwegisches Pony Mattis.

Ihre Spurtschnelligkeit und Wendigkeit sind bei mancher reit- oder fahrsportlicher Disziplin von Vorteil. Juliane Prasse mit Welsh-B Navarro.

Ponys – nur Pferde in »Light-Version«?

Ponys gehen gern im Schritt und Trab – den Galopp sparen sie sich lieber, denn der kostet Kraft. So kann ein Shetty über sehr weite Strecken im Trab die Kutsche durch Wald und Feld ziehen, wird aber viel weniger gern lange an der Longe galoppieren. Wo es dem Gangwerk von Ponys häufig an Schwung und Raumgriff fehlt, weist es aus anatomischen Gründen einige Vorzüge im Vergleich zum Warmblut auf. Faul dagegen machen sie – wie im Übrigen jedes Pferd – Überfütterung, falscher Umgang und mangelnde Beschäftigung. Nicht selten werden Ponys gerade durch Letzteres auch aggressiv. Schnappen und Beißen haben nichts mit einem schlechten Charakter, sondern mit unsachgemäßer Haltung und Erziehung, am häufigsten aber mit Unterforderung zu tun. Manche Ponys müssen als ausgesprochene Leistungsträger gesehen und behandelt werden: Nicht selten sind Ponys so temperamentvoll und eifrig, dass sie als Kinderpferde völlig ungeeignet sind.

Bei freundlichem Umgang mit Ihrem Pony wird es – gemäß seinem gutartigen Temperament – ein williger und vor allem äußerst lernfähiger Partner sein. Ponys haben ein ungemein rasches Aufnahmevermögen, das bei entsprechender Motivation (am liebsten essbar) zu erstaunlichen Resultaten führen kann.

Die gute Auffassungsgabe bezieht sich darüber hinaus auf die besondere Menschenkenntnis, die Ihrem Pony ganz sicher auch zu eigen ist. Es kann seinen Trainer in jeder Situation durchschauen und uns bisweilen regelrecht vorführen und austricksen. Wenn Sie das Eine sagen, aber innerlich das Andere wollen, wird Ihr Pony diesen Zwiespalt in Ihnen schnell bemerken und darüber hinaus erkennen, wenn Sie sich eine Aufgabe, die Sie gerade erarbeiten wollen,

Pfiffige Ponys brauchen geistige Herausforderungen und Beschäftigung! Da sie leider häufig nicht als Reitpferde ernst genommen werden, wird ihnen deshalb keine gute Ausbildung zuteil.

Wer so rasante Spiele sucht, liebt spielerische Übungen wie das Targettraining, Mutproben beim Scheutraining und bewegt sich gern an der Kutsche. Max im Spiel mit Diabolo.

eigentlich selbst gar nicht zutrauen. Nur wenn Sie in solchen Momenten die Situation genauso aufmerksam zu verstehen versuchen, wie dies Ihr Pony gerade getan hat, werden Sie darauf richtig reagieren.

Kennen Sie Ihr Pony?

Pony ist natürlich nicht gleich Pony. Nehmen Sie sich die Zeit, das Verhalten Ihres Ponys im Zusammenleben mit anderen Pferden und in unterschiedlichen Situationen zu beobachten. Denn wie sich ein Pony natürlicherweise verhält, gibt uns Aufschluss darüber, wie es sich im Training benehmen wird.

Sucht es auf der Weide häufig Kontakt zu seinen Artgenossen und fordert sie zum gemeinsamen Spiel auf? Ist es bewegungsfreudig und mutig, neugierig und bisweilen aggressiv? Meist sind solche Ponys gern kreativ, arbeiten selbstständig, lassen sich eigene Übungen einfallen und sind schnell für Neues zu entzünden, solange sie immer wieder bestärkt werden. Das kann schnell zum Übereifer werden, möglicherweise auch Ungeduld mit sich bringen und ein sehr forderndes Verhalten dem Trainer gegenüber. Solche Charaktere sollten mit positiver Verstärkung, einem abwechslungsreichen Training und Denkaufgaben bei Laune gehalten werden, damit ihr Verhalten nicht in Aggressivität umschlägt. Bei den Zirkuslektionen beginnen Sie mit solchen, die in die Tiefe führen, wie das Verbeugen. Erst wenn diese zuverlässig abrufbar sind, kommt es überhaupt in Frage, auch das Steigen zu trainieren. Möglicherweise wird das Pony Sie häufiger zu Spielen auffordern und Sie durch Überschreitungen Ihres Individualabstandes provozieren. Oft hört man dann, es würde sich gern Faxen ausdenken. Im Klartext heißt das aber für den Besitzer und Trainer, unbedingt von Anfang an konsequent auf jede Grenzüberschreitung zu reagieren.

Bei entsprechend guter Ausbildung sind Ponys durchaus als Reitpferde für Kinder geeignet.

Haben Sie ein Pony, das sich im Umgang mit Artgenossen eher defensiv und zurückhaltend verhält und zunächst lieber beobachtet? Diese Ponys sind im Umgang meist etwas ruhiger und folgsamer. Sie lernen die Lektionen der Ponygrundschule schnell, weil ihnen das Weichen liegt, folgen aber manchmal nur verhalten und brauchen besonders viel Zuspruch, sich selbst bei der Arbeit kreativ zu beteiligen. Das Trainingsprogramm sollte Ihnen immer wieder die Möglichkeit einräumen, zu zeigen, was sie schon können. Auch wenn sie es einem zögerlichen oder unerfahreneren Trainer scheinbar einfacher machen, ist von diesem besondere Konzentration gefordert: Solche Ponys überschreiten vermeintlich geklärte Grenzen schleichend. Bauen Sie auch bei den ganz Lieben regelmäßig Führtraining und Bodenarbeit ins Training ein.

Die Sache mit dem Reiten

Ponys gelten als besonders stark, Shettys im Verhältnis zu ihrer Körpergröße betrachtet sogar als stärkste Pferderasse der Welt. Durch ihre in der Regel stärkeren Knochen und Muskelansätze im Vergleich zum Großpferd, haben sie eine bessere Kraftentwicklung.

Welche Grenzwerte für das Verhältnis von Reiter- und Pferdegewicht anzusetzen sind, ist umstritten. Häufig wird ein Verhältnis von 1:5 genannt. Ein 200 kg schweres Shetlandpony kann demnach ein maximales Reitergewicht von 40 kg (er)tragen. Rücksicht muss dabei genommen werden auf die Leistungsfähigkeit eines Ponys, sein Alter, sein Trainings- und Gesundheitszustand sowie seine Muskulatur. Schwitzt Ihr Pony bereits nach einer Viertelstunde Reiten, ist es überfordert. Darüber hinaus spielt das Ausbildungsniveau des Reiters eine Rolle. Es hat messbare Auswirkungen, ob sich ein Reiter im Sattel geschmeidig bewegt oder dem Pony in den Rücken plumpst, ob es schonend auf die Hinterhand gesetzt wird oder auf der Vorhand schlurft.

Die Arbeit am langen Zügel bereitet aufs Gerittenwerden vor.

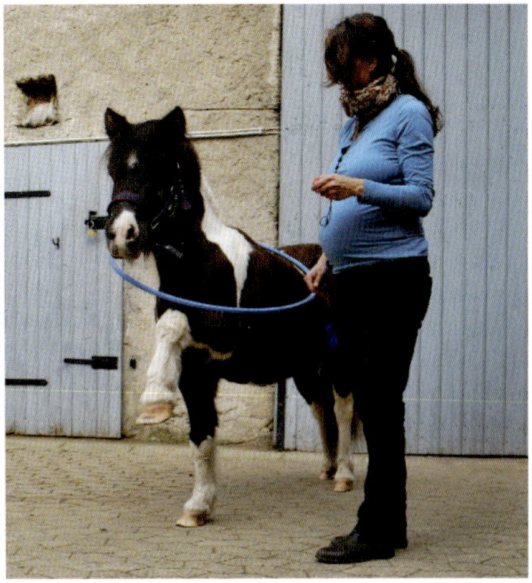

Ich plädiere in der Ponyausbildung ausdrücklich für Belohnungen mit Leckerlis.

1.2. Arbeitsgrundlagen

Lob und Strafe

Ponys sind verfressen und damit absolut bestechlich. Das ist ein Lernvorteil. Wenn in der Verhaltensforschung Experimente zur Intelligenz von Tieren durchgeführt werden, laufen diese immer darauf hinaus, zu erforschen, wie schnell und kreativ ein Tier bei der Futtersuche und -beschaffung ist. Diese praktische Intelligenz ist es, die in der freien Natur das Überleben sichert und auf die es ankommt. Je schneller ein Pferd ein unter einem umgestülpten Eimer verstecktes Apfelstück findet, desto intelligenter ist es – es überlegt sich Lösungsstrategien, testet und probiert aus, gibt nicht so schnell auf und ist furchtlos bei der Sache. Genauso kennen wir das von den meisten Ponys. Für ihre Anstrengung werden sie mit Futter belohnt.

Die mit dem Lernen verbundenen Begriffe der positiven und negativen Verstärkung sind nicht ganz unmissverständlich. »Positive Verstärkung« bedeutet nichts anderes, als dass ein Pferd durch eine Belohnung in seinem Verhalten bestätigt und bestärkt wird. Der Begriff »negative Verstärkung« dagegen hat nichts mit Strafe zu tun, sondern bezeichnet eine Methode, bei der ein als negativ empfundener Reiz weggenommen wird, sobald das Pferd die gewünschte Reaktion zeigt. Beides wird vom Pferd als Belohnung verstanden. Und beides brauchen wir in der Ponyausbildung.

Wie Sie Ihr Pony in einer bestimmten Situation belohnen, ist Geschmackssache und wird die Erfahrung zeigen. Wichtig ist nur, dass sie innerhalb von drei Sekunden nach der gewünschten Reaktion erfolgt, denn dann wird sie richtig zugeordnet. Das Timing muss stimmen. Das Pony am Ende des Trainings einmal kräftig zu loben ist zwar nett gemeint, aber ihm nicht verständlich und für den Gesamtlernprozess nicht motivierend. Für den Erfolg des Trainingsprogramms ist es sinnvoller, über die gesamte gemeinsame Arbeitszeit hinweg

auf das Wohlbefinden und damit die Motivation des Ponys zu achten. Das bedeutet für Sie, sich nicht nur auf das gewünschte Zielverhalten zu konzentrieren, sondern darauf, eine positive Lernerfahrung zu gestalten und aufrechtzuerhalten.
Belohnung kann in einer Entspannungspause liegen, im Einschieben einer Lektion, die das Pferd gern ausführt und für die es ein paar Leckerchen abstauben kann, in der Möglichkeit sich zu wälzen oder auszutoben oder dem Gekratzt-Werden an einer besonders schönen Stelle.
Ergänzend dazu sollten Sie ein Stimmlob einführen, das aber erst als »Lob« erkannt, also erlernt werden muss.

Jede Reitweise und Bodenarbeitsmethode basiert auf dem Prinzip der negativen Verstärkung: Druck wird aufgebaut; bei Reaktion des Pferdes werden Körpersprache und Hilfen sofort wieder neutral.

Sie werden im Laufe der Ausbildung schnell herausfinden, was für ein Lerntyp Ihr Pony ist. Blitzmerker zum Beispiel sollten Sie ausdrücklich nur dann loben, wenn sie die gewünschte Reaktion auf Ihr Kommando hin in für ihren Ausbildungsstand sehr guter Manier zeigen. Sonst nehmen diese Ponys, die schnell verstehen, was man von ihnen verlangt, Übungen gern vorweg und bieten sie bei jeder Gelegenheit an. Eher langsame Denker dagegen sollten immer wieder durch besonders viel Lob bei der Stange gehalten werden und oft zeigen dürfen, was sie schon können, statt dauernd Neues lernen zu müssen.
Wer als Trainer panisch oder hysterisch reagiert, verunsichert sein Pony und stellt die Rangordnung in Frage. Nach den Regeln der Herde erkennt es in solchen Momenten im Menschen Schwäche. Gerade Ponys nutzen diese Schwäche anschließend aus, provozieren ihren Trainer, bis der Geduld und Nerven verliert und damit seine Chefposition. Nerven verlieren ist nichts für Leittiere, denn sie müssen Entscheidungen treffen, die die Herde schützen. Eine solche Rolle wird Ihr Pony Ihnen nur zuerkennen, wenn Sie entsprechend berechenbar und besonnen sind. Das Pony wird manchmal schleichend, manchmal deutlich versuchen, seine Position in Frage zu stellen.
Somit gilt: Es muss klare Regeln geben, die nicht überschritten werden dürfen im täglichen Umgang und nur hier ist eine Strafe im wörtlichen Sinne überhaupt gerechtfertigt. Jede Bestrafung soll kurz, schnell, berechtigt, vor allem leidenschaftslos und ohne Ausnahme erfolgen! Nach jeder Bestrafung jedoch muss wieder Frieden herrschen und jeder Ärger verpufft sein, damit die Arbeit nicht darunter leidet. Man muss sich vor Augen halten, dass sich die Strafe nur gegen eine Untugend richtet, nicht gegen das Pony selbst!
Wenn man seinen Zorn nicht mäßigen kann, kann man sich einige Sekunden Auszeit nehmen und kurz die Luft anhalten, um wieder konzentriert weiterarbeiten zu können. In scheinbar auswegslosen Situationen ist »Luftanhalten« ohnehin oft förder-

Wie beim Reiten gilt bei der Arbeit neben oder hinter dem Pferd der unumstößliche Leitsatz: So viel wie nötig, so wenig wie möglich! So erhalten Sie sich die uneingeschränkte Arbeitsfreude Ihres Minis.

lich ... Nehmen Sie sich einige Minuten, um sich und Ihrem Pony Gelegenheit zu geben, sich wieder zu sammeln. Eine freundliche Atmosphäre ist das A und O einer erfolgreichen Ausbildung.

Bei vielen Ponys kommt hinzu, dass sie dazu neigen, ihrem Frust über die übermäßig aggressive Reaktion des Menschen Luft zu machen.

Schmerz darf niemals Bestandteil der gemeinsamen Arbeit sein und gehört nicht zu den Strafen, die wir unserem Pony gegenüber einsetzen. Schmerz würde die Arbeit lediglich blockieren – er erzeugt Angst und Frust. In Angstsituationen kann ein Pferd nicht lernen. Und ein Pferd, das keine Erfolgserlebnisse hat, Strafe und Schmerz erfahren muss, deren Ursache es nicht versteht, resigniert oder lehnt sich auf. Es wird in der gleichen »Sprache« antworten, statt sich feinfühlig zu verhalten.

Fragen Sie sich, was in diesem Moment das (vermeintlich) freche Verhalten Ihres Ponys ausgelöst hat. Hat es Sie nicht verstanden? Haben Sie die Übung zu oft ohne jedes Erfolgserlebnis wiederholt, anstatt sich eine neue Lösung des Problems zu überlegen? Haben Sie vergessen, nachzugeben, als Ihr Pony richtig reagiert hat? Dann haben Sie es verunsichert.

Hilfengebung und Arbeitsumfang

Wie der Name sagt, sollen die Hilfen helfen, uns mit dem Pferd zu verständigen. Diese Verständigung muss präzise sein und vom Pferd verstanden werden können.

Am Anfang der Ausbildung oder der Erarbeitung einer Lektion sollen die Hilfen deutlich sein, denn das Pony muss sie klar zu verstehen lernen. Je intensiver diese Hilfe war, desto prompter wird das Pony reagieren. So wird es das Stimmkommando bald verinnerlicht haben und es wird in der Folge bemüht sein, bereits daraufhin anzuspringen.

Apropos bequeme Ponys: Vielen Ponys wird unterstellt, per se lustlos und faul zu sein. Natürlich gibt es solche Pferde, die charakterbedingt langsamer reagieren. Doch sind solche Ponys und Pferde nicht weniger sensibel. Eher werden sie durch das aus diesem Denkfehler resultierende Verhalten des Menschen stumpf. Denn stellt sich das Gefühl ein, leichte Hilfen kämen nicht durch, so wird eben häufig stärker gedrückt, geschoben und gezogen. So lange, bis das Pony endlich reagiert. Aber das wird dadurch nur immer zäher reagieren. Einzig sinnvoll ist es dagegen, das Pony stets aufmerksam zu halten und auf eine feine Hilfengebung zu sensibilisieren. Manch sogenannter Faulpelz wird dann erst als das eifrige und interessierte Pony entdeckt, das eigentlich in ihm steckt.

Man kann davon ausgehen, dass ein Pferd sich nur etwa 20 Minuten am Stück konzentrieren kann. Danach sinkt seine mentale Leistungskurve. Denken

Sie bei der Arbeit daran und überfordern Sie Ihr Pony nicht. Ziehen Sie die Übungseinheit nicht zu sehr in die Länge. Allerdings gilt auch andersherum, dass Sie – gemessen an der Länge eines Tages – nur etwa fünf Prozent Ihrer und seiner Zeit gemeinsam verbringen. In dieser Zeit sollten Mensch und Pony 100-prozentig bei der Sache und aufeinander konzentriert sein!

Ganz wichtig sind regelmäßige Pausen. Ihr Pony braucht die Möglichkeit nachzudenken und das Gelernte zu verarbeiten. Auch wenn nicht jedes Pony gleich den Kopf senkt und in sich zu gehen scheint, sondern lieber in der Gegend herumschaut oder nach einer geeigneten Stelle zum Wälzen sucht, braucht es diese Phasen der Entspannung, in denen nichts von ihm verlangt wird. Gerade nach kognitiv herausfordernden und neuen Lektionen ist eine kurze Verschnaufpause relevant für den Lernprozess. Auch Sie können in dieser Zeit mal kurz durchatmen und überlegen, wie es jetzt sinnvoll weitergeht.

Wie oft mit einem Pferd oder Pony in der Woche gearbeitet werden sollte, ist ein heiß diskutiertes Thema in jedem Reitstall. Jeden Tag? Oder reicht ein »Sonntagsausflug«? Eine pauschale Antwort kann auch dieses Buch nicht liefern, denn immer müssen sämtliche Begleitumstände in Betracht gezogen werden. Wenn Sie eben nicht öfter als ein bis zweimal in der Woche mit Ihrem Pony arbeiten können, weil andere Verpflichtungen es nicht zulassen, warum sollten Sie sich dann an den anderen fünf Tagen Vorwürfe machen? Ihr Pony wird sich an diesen Rhythmus genauso gewöhnen, wie an ein tägliches Arbeitsprogramm. Allerdings sollten einige Gegebenheiten in den Blick genommen werden:

Regelmäßiger Weidegang: Am besten in einer gut funktionierenden Herde und möglichst täglich. So kann eine gewisse Grundkondition lange aufrechterhalten werden. Ferner ist der Sozialkontakt unerlässlich für eine gesunde Psyche. Ponys, die viel und lange rumstehen, bauen nicht nur konditionell ab und werden steif, sondern häufig faul und im schlimmsten Fall aggressiv.

Passen Sie die Anforderungen dem Leistungs- und Trainingsstand an! Wenn Sie nur zweimal in der Woche Zeit haben für ein ausgiebiges Beschäftigungsprogramm, dann darf das kein dreistündiger Ausflug mit der Kutsche werden. Im Gegenteil muss hierauf vorsichtig und mit einem überlegten Trainingsplan hingearbeitet werden.

Insgesamt ist ein gut trainiertes und regelmäßig beschäftigtes Pony meist gesünder und im Verhalten ausgeglichener, als ein nur selten bewegter Artgenosse. Sehnen und Gelenke sind weniger von Verschleiß betroffen, da Belastung durch die gut trainierten Muskeln aktiv abgefedert werden und nicht passive Körperstrukturen die (ungewohnte) Belastung auffangen.

Ob sich ein Pony über- oder unterfordert fühlt, kann man oft an seinem Verhalten feststellen. Unterforderte Ponys neigen dazu, frech zu werden, zu schnappen, vor lauter Langeweile Dummheiten anzustellen oder auszubüchsen. Auch faule Ponys sind meist unterfordert und brauchen mehr Unterhaltung und Abwechslung in ihrem (Trainings-)Alltag.

2 Die Ponygrundschule

2. Die Ponygrundschule

Am Anfang jeder Beschäftigung mit Ihrem Pony sollte dieses einige ganz grundsätzliche Dinge beigebracht bekommen. Jedes Pony muss Regeln kennen, um es im Leben leichter zu haben. Sie beide werden Freude an der gemeinsamen Arbeit haben, wenn diese alltäglichen Situationen nicht jedes Mal zu einer Grundsatzdiskussion führen. Deshalb soll an dieser Stelle, noch bevor wir uns den einzelnen Themen und Lektionen widmen, die »Grundschule« Ihres Ponys beleuchtet werden. Ich kann nur empfehlen, nicht mit schwierigeren Aufgaben weiterzumachen, bevor Sie die im Nachfolgenden aufgeführten Situationen problemlos zusammen meistern. Nehmen Sie sich Zeit für diese Basics, damit Sie beide mit Spaß und Gelassenheit an alles Weitere herangehen können.

Aber: Die genannten Übungen und Grundlektionen sollen Ihr Pony zu einem gehorsamen Begleiter erziehen, der Ihnen mit Respekt begegnet. Eine harmonische Beziehung kann jedoch nur dann daraus erwachsen, wenn der Respekt gegenseitig ist. Versuchen Sie nicht, Ihr Pony zu Unterwürfigkeit zu erziehen, sondern zu einem mitdenkenden Partner: Sie geben ihm Sicherheit durch Ihre souveräne Führung, es kann sich darauf verlassen, dass Sie es schützen und innerhalb der von Ihnen gesetzten Grenzen gewähren Sie ihm Freiraum für Kreativität, aktive Mitarbeit und gemeinsamen Spaß.

Stillstehen

Bevor Sie ein Pony anbinden oder mit ihm auf dem Platz arbeiten können, muss es gelernt haben, auf Ihr Kommando hin stillzustehen. Gar nicht so leicht für das Fluchttier Pferd.

Als Hilfsmittel verwenden Sie Ihre Stimme und natürlich Ihre Körpersprache, anfangs auch eine Gerte.
Führen Sie Ihr Pony ein kleines Stück, bleiben Sie dann stehen. Zunächst müssen Sie an dieser Stelle eventuell die Gerte einsetzen und dem Pony den Weg nach vorn optisch begrenzen. Sobald das Pony einen Moment innehält, ist es wichtig, dass Sie sich völlig entspannt (aber konzentriert!) neben oder vor das Pony stellen. Gehen Sie dann wieder ein Stück, bleiben Sie erneut stehen und vor allem bleiben Sie geduldig. Gelingt es Ihnen selbst nicht, Anspannung und Betriebsamkeit abzulegen, widersprechen sich Ihre Hilfen und verwirren das Pony.

Es braucht einige hundert Wiederholungen, bis ein Pferd wirklich »gelernt« hat, ruhig stillzustehen. Dann kann das Stillstehen auch als Belohnung eingesetzt werden. Steigern Sie die Übungssequenzen sehr langsam und warten Sie nicht, bis das Pony unruhig wird. Die Initiative zum erneuten Loslaufen muss immer von Ihnen kommen. Am Anfang reichen zwei bis drei Sekunden. Dann steigern Sie das Training auf 30 Sekunden, später eine Minute.

Erst wenn Ihr Pony einige Sekunden stillstehen kann, kommt das Stimmkommando hinzu. »Whoa!«, »Steh!«, »Halt!« sind kurz, prägnant und gut von anderen Stimmkommandos zu unterscheiden. Wenn das Stimmsignal allzu oft ertönt, wenn das Pony noch nicht ruhig steht, wird es auf das Herumzappeln bezogen, nicht auf das Verhalten, das Sie anerziehen möchten.

Was zunächst am Stall klappt, muss später überall und in jeder Situation abrufbar sein. Fragen Sie die

Übung immer mal wieder ab – das ist wie Vokabeln lernen. Ziel ist es, dass Ihr Pony wann auch immer Sie stehen bleiben, geduldig wartet, bis es weitergeht.

Anbinden (und warten)

Kann Ihr Pony stillstehen beim Führen, wird es angebunden. Auch dabei werden die Übungssequenzen stets langsam gesteigert, aber sehr oft wiederholt. Das Anbindetraining beginnt abseits des Anbindeplatzes. Zunächst soll Ihr Pony lernen, auf den Druck des Halfters im Nacken mit Nachgeben zu reagieren, statt Gegendruck aufzubauen. Üben Sie diesen Druck mit der Hand aus: Packen Sie sanft mit den Fingern hinter die Ohren und entfernen Sie den Druck, sobald das Pony daraufhin den Kopf senkt.

Im zweiten Schritt drückt das Halfter an dieser Stelle. Ziehen Sie mit dem Strick nach unten und halten Sie den Druck so lange aufrecht, bis das Pony diesem Richtung Boden nachgibt. Dann loben und entspannen. Und schließlich das Anbinden simulieren, indem Sie den Fuß auf den Strick stellen. Ruckt das Pony zurück, halten Sie dem Druck kurz stand, geben aber nach, bevor es möglicherweise in Panik gerät.

Das Anbinden muss zu einer absoluten Selbstverständlichkeit werden! Steht Ihr Pony weitestgehend ruhig, können Sie das Seil durch den Anbindering ziehen. Halten Sie das Ende des Seils noch in der Hand und machen Sie keinen Knoten. So können Sie das Seil nachgeben, wenn Ihr Pony nach hinten wegspringt oder sich erschreckt. Sie können jetzt beginnen, das Pony am Anbindeplatz zu putzen und um es herum zu laufen. Loben Sie es, wenn es sich gut benimmt, falls nicht bleiben Sie ruhig und konsequent und geben Sie keine Leckerlis! Viele Ponys werden unruhiger, wenn Fressbares im Spiel ist.

Der nächste Schritt ist dann, das Seil anzubinden. Übrigens: Gegen Scharren am Anbindeplatz und Knaubeln am Strick helfen erstens kurze Übungssequenzen, zweitens Ignorieren, Ablenken und notfalls Erschrecken, aber niemals Strafen. Denn was Ihr Pony durch dieses Verhalten von Ihnen einfordert, ist Aufmerksamkeit. Und die bekommt es in dem Moment, ob Sie es nun ungeduldig anfahren oder – was genauso kontraproduktiv ist – beruhigend auf das Pony einsäuseln. Achten Sie darauf, wofür genau Sie Ihr Pony in einem Moment belohnen. Erst wenn es ruhig bleibt und sich so gibt, wie erwünscht, ist Zeit für ein ausgiebiges Lob.

Jeder Anbindeplatz muss so gestaltet sein, dass sich das Seil im Notfall sofort mit einem Griff lösen lässt. Lassen Sie Ihr Pony trotzdem zunächst nicht allein am Anbindeplatz zurück!

Hufe geben

... muss bereits im Fohlenalter geübt werden, denn von Anfang an ist es wichtig, die Hufe von einem Experten kontrollieren und korrigieren zu lassen.
Zuerst lernt das Pony sein Bein herzugeben, wenn Sie es dazu auffordern. Streichen Sie langsam an der Innenseite des Röhrbeins entlang. Hebt das Pony daraufhin sein Bein etwas an, halten Sie dieses ganz kurz, geben es rasch wieder frei und loben ausgiebig. Noch ist die Übung ein Balanceakt auf drei Beinen für Ihr Pony. Bis diese Reiz-Reaktionskette verinnerlicht ist, müssen Sie das Ganze am besten täglich mehrmals wiederholen. Gibt es seinen Huf nicht auf die bloße Berührung hin, können Sie sich leicht mit Ihrer Schulter gegen die Ihres Pony lehnen und ihm so helfen, sein Gewicht auf die andere Seite zu verlagern. So kann es das am Boden verbleibende diagonale Beinpaar belasten und den gewünschten Huf freigeben. Erlauben Sie dem Pony auf keinen Fall, sich auf Sie zu stützen und Sie als »Ersatzbein« zu nutzen! Das geht auf Dauer auch und gerade bei einem sehr kleinen Pony auf den Rücken. Lassen Sie das Bein in diesem Fall los und beginnen Sie von vorn.

Üben Sie, dass es sein Bein selbstständig angewinkelt hält. Dazu arbeiten Sie wiederum mit Lob – gern fressbar – und wenn Sie mögen mit dem Klicker. Dehnen Sie die Zeit, bis Ihr lobendes Wort oder das Geräusch des Klickers ertönt, immer weiter aus. Aber seien Sie sich darüber im Klaren, dass das Üben an der Dauer vor allem Ausdauer verlangt – und zwar von Ihnen.
Bringen Sie Ihrem Pony am besten ein Stimmsignal bei. Das kann zum Beispiel das Kommando »Gib!« sein. Wenn es seinen Huf wieder auf den Boden absetzen darf, benutzen Sie beispielsweise »Ab!«. Sie vermeiden so, dass es seinen Huf auf den Boden fallen lässt.

(Überall) Anfassen und Putzen

Ein Pferd muss unbedingt Berührungen am ganzen Körper erdulden. Zwar gibt es bei nahezu jedem Pferd Zonen, an denen es kitzelig ist, dennoch sollte es sich dort anfassen lassen. Das gilt insbesondere, wenn Kinder an der Ponypflege beteiligt sind!
Zunächst wird das Pony an Streichungen am ganzen Körper gewöhnt. In langsamen und nicht zu zögerlichen, großrahmigen Bewegungen streichen Sie Ihr Pony am ganzen Körper mit einer oder beiden Handflächen ab. So lernen Sie schnell die Zonen kennen, an denen es sich besonders gern oder ungern berühren lässt. Beenden Sie diese Streicheleinheiten jeweils an den Wohlfühlzonen Ihres Ponys.
Heikle Stellen sind eher die Ohren, Augen, Nüstern, der After- und Genitalbereich sowie Bauch und Flanke. Gehen Sie hier behutsam, aber nicht zögerlich vor. Für besonders kitzelige Zonen empfehlen sich Massagen und Entspannungsübungen. Kitzelige Stellen deuten nämlich in der Regel auf Verspannungen hin. Eine Hand ruhig am Ponykörper liegen zu lassen, während die andere putzt, beruhigt. Loben Sie freundlich, wenn sich Ihr Pony lockert. Und ganz wichtig: Entspannen auch Sie sich.
Sinnvoll kann ferner sogenanntes Medical Training sein. Es dient dazu, die tägliche Pflege und Untersuchungen als etwas Angenehmes zu konditionieren. Nehmen Sie sich eine Körperregion vor, beispielsweise das Maul. Gehen Sie schrittweise vor und belohnen Sie kleinste Fortschritte mit einem Klick, auf den dann ein Leckerli folgt. Zuerst sollten Sie problemlos den Kopf berühren und festhalten können. Dann trainieren Sie den Griff in die Maulspalte.
So können Sie bei jedem beliebigen »Problemkörperteil« vorgehen. Wichtig ist hier nur das richtige Timing. Bis sich diese Verknüpfung festigt, kann es etwas dauern, denn eigentlich findet das Pony die

Berührung ja unangenehm. Es muss entweder lernen, die Berührung dennoch zu ertragen oder vielleicht sogar eine traumatische Erfahrung zu löschen.

Nicht zwicken oder treten!

»Ach, was muss man oft von bösen Ponys hören oder lesen ....« Dass Ponys öfter zu Frechheiten neigen als Großpferde, ist ein hartnäckiges Vorurteil. Tritt solches Verhalten auf, können Langeweile, Unter- oder selten Überforderung oder mangelnde Konsequenz in der Erziehung die Auslöser sein.

Schlägt oder schnappt ein Pony ab und zu, ist es empfehlenswert, einen Schreckmoment zu provozieren, um richtig zu imponieren. So kann man zum Beispiel einen großen Plastikeimer hervorzaubern und dem Pferd auf die Kruppe sausen lassen. Auch ein nasser Schwamm, der aus heiterem Himmel auf Ponys Hinterhand landet, kann helfen. Timing ist dabei das Wichtigste. Natürlich sollen Sie Ihr Pony nicht verletzen oder gefährden! Aber die Methode des Erschreckens ist in jedem Fall nachhaltiger, schonender und sinnvoller, als es beispielsweise zu schlagen.

Führen

Das Führen gehört selbstverständlich zum kleinen Einmaleins der Pferdeerziehung. Es gibt nichts, was wir öfter mit dem Pony tun. Dabei ist vielen Reitern gar nicht bewusst, dass ein Pferd immer lernt, wenn es mit uns zusammen ist. Seine Freizeit mit einem Pony zu teilen, bedeutet, ihm immer die gleiche Aufmerksamkeit zu schenken und erarbeitete Regeln immer sowohl zu befolgen als auch einzufordern.

Beginnen Sie das Training auf einem abgesperrten Areal – auf dem Reitplatz, im Round Pen oder auf der Koppel. Das bietet erstens Sicherheit, falls sich das Pony doch mal davonmacht, und zweitens eine (optische) Begrenzung, die Sie in das Training einbeziehen können.

Losgehen

Zum Losgehen drehen Sie die Ihrem Pony zugewandte Schulter nach vorn. Neigen Sie Ihren Oberkörper zu Beginn deutlich, später nur noch leicht

Gerade bei kleinen Pferden und Ponys besteht die Tendenz, über vermeintliche »Schönheitsfehler« beim Führen hinwegzusehen. Doch auch das kleinste Pony hat noch genügend Kraft, sich loszureißen und auf die Straße zu rennen ...
Sie können spielerisch trainieren, indem Sie es zickzack um Pylonen führen.

nach vorn in Bewegungsrichtung. Die Gerte halten Sie in der anderen Hand. Geben Sie ein Stimmkommando oder ein Zungenschnalzen und unterstreichen Sie dies anfänglich mit dem Touchieren der Hinterhand durch die Gerte. Um das Pony nicht zu erschrecken, sprechen Sie es zuvor mit seinem Namen an.

Gehen Sie auf Kopfhöhe und mit lockerem Strick neben Ihrem Pony. Auf Schulterhöhe haben Sie im Ernstfall nicht genug Einwirkung auf das Pony, um es davon abzuhalten, zum nächsten Grasbüschel oder nach Hause zu rennen. Drängelt es vorwärts, halten Sie Ihrem Pony die Gerte begrenzend vor die Nase. Stürmt es dennoch los, machen Sie einen großen Schritt nach vorn und stellen sich Ihrem Pferd in den Weg. Dazu fordern Sie es durch ein couragiertes »Whoa!« (oder »Halt!«, »Steh!« etc.) auf, still innezuhalten.

Will Ihr Pony nicht akzeptieren, dass Sie das Tempo bestimmen, können Sie es ein paar Schritte rückwärtsrichten – es soll vor Ihnen weichen. Doch diese Unterordnungs- und Strafmaßnahme ist keine Dauerlösung für jedes Autoritätsproblem. Es birgt u.a. Verletzungsgefahren. Zögern Sie daher nicht, Ihrer Hilfe lieber vorher Nachdruck zu verleihen.

Führposition in Kopfhöhe des Pferdes: Das Pferd wird vom Führenden weg bewegt – so besteht das geringste Verletzungsrisiko für Sie. Bald reagiert es auf das einfache Handzeichen Ihrer linken, weisenden Hand.

Mancher Horsemanship-Trainer vermeidet einen Machtkampf, indem er seine Laufrichtung wechselt, wenn das Pony zum Überholen ansetzt. Mit diesem ganz einfachen Trick sind Sie wieder vor dem Pony. Und ein Mensch, der es schafft, immer wieder die vordere Führposition einzunehmen, macht auf jedes Pony mächtig Eindruck ...

Üben Sie dennoch das Anhalten. Das muss klappen, bevor Sie am Straßenverkehr teilnehmen.

Zu den verschiedenen Führpositionen sei gesagt, dass es natürlich möglich ist, vor dem Pony zu laufen. In der Bodenarbeit wird das gern gemacht. Bedenken Sie jedoch: Jedes noch so brave Pony kann sich erschrecken und befindet sich dann nicht im Blickfeld des Trainers. Er kann nicht rechtzeitig reagieren. Ich halte es für geschickter, dem Pony Bodenhindernisse oder andere Objekt, mit denen es Arbeiten soll, aktiv zu zeigen. Das geht am besten, wenn Sie sich auf Kopfhöhe befinden.

Im zweiten Schritt üben Sie Richtungsänderungen. Setzen Sie anfangs wieder die Gerte ein und führen Sie sie vor dem Pferd. Ihr linker Arm (wenn Sie links vom Pferd gehen) geht vor das Pony und weist in die neue Richtung. Drängelt Ihr Pony oder versteht nicht, führen Sie es mit der rechten Hand am Halfter herum.

Anhalten: Am Anfang treten Sie deutlich vor das Pony, stellen sich aufrecht vor ihm hin und heben den Arm in Richtung Ponynase. Üben Sie zunächst nah am Pony und an der Reitplatz- oder Weidenabsperrung. Das verstärkt die optische Begrenzung.

Wenn beim Üben doch mal eine Situation entsteht, in der sich Ihr Pony losreißt und wegläuft, bleiben Sie ruhig und warten, bis es Ihr Pony ebenfalls ist, um es dann wieder am Strick zu nehmen, als sei nichts geschehen. Lassen Sie sich nicht aus der Ruhe bringen und beginnen Sie Ihre Lektion erneut und ohne Zorn.

Anhalten

Zuletzt steht noch das Anhalten auf dem Programm. Bremsend wirkt es auf das Pony, wenn Sie die von ihm abgewandte Schulter zum Pony drehen. Gleichzeitig bewegen Sie sich weiter nach vorn in Richtung Ponykopf. Mit der Zeit sollten sich die Hilfen so weit verfeinern lassen, dass Ihr Pony allein auf das Eindrehen Ihrer äußeren Schulter reagiert und anhält. Verlangsamt das Pony nicht deutlich, wenn Sie sich vor ihm befinden und ihm in die Augen schauen, so können Sie Ihre Hilfen anfänglich mit der Gerte den Weg versperren. Neigt Ihr Pony zum Rempeln, bringen Sie es mit den Übungen zum Seitwärtsweichen auf Linie. Es ist wichtig, dass Ihr Pony Ihre Individualdistanz respektiert und Sie nicht bedrängt.

Weichen und Schicken

Es gilt als eine der Vertrauensfragen, die Sie mit Ihrem Pony klären sollten, dass Sie es bewegen können, ohne es zu berühren.
Dass Ihr Pony Ihnen in jeder von Ihnen gewünschten Richtung ausweicht ist deshalb eine wichtige Gehorsamsübung, weil sie unmittelbar mit den Regeln in einer Pferdeherde einhergeht: Das rangniedrigere Pferd wird immer dem ranghöheren weichen. Das ranghöhere Pferd bewegt, das rangniedrigere wird bewegt. Um dem Pony das nötige Vertrauen in Ihre Führungskompetenzen zu geben, sollten Sie sich an diese Regel halten. Es geht dabei nicht um Unterwerfung, sondern darum, Grenzen zu setzen, gleichzeitig aber durch die ruhige und konsequente Führung Sicherheit zu geben und zur entspannten Mitarbeit einzuladen.
Zu den Übungen des Weichens gehören das Seitwärtsweichen, das Rückwärtsrichten und das Schicken. An einem harmonischen Miteinander müssen Sie immer wieder arbeiten. Manche Ausbilder beginnen jedes Training mit einer kleinen Basisauffrischung – ein Ritual, das Sicherheit schafft und das Vertrauensverhältnis festigt.
Das Grundprinzip: Das Pony weicht dem Menschen aus, wenn dieser auf es zutritt. Reagiert es nicht sofort, verstärken Sie die Hilfen. Dazu gibt es

Seitwärts ausweichen lassen: Die Gerte und die Körperposition des Menschen steuern das Pferd.

verschiedene Intensitätsgrade und Hilfsmittel. Wichtig ist, wie bei jeder Hilfengebung, sich von einer schwachen, leichten Hilfe, zur stärkeren hochzuarbeiten, wenn das Pony nicht sofort reagiert oder versteht. Ziel ist ein Pony, das bereits auf leichte Einwirkung hin reagiert. Erste Stufe der Hilfengebung ist der Blick auf die Körperregion, die zur Bewegung veranlasst werden soll. Der nächste Schritt ist eine Handbewegung beziehungsweise die Bewegung mit dem ganzen Körper auf das entsprechende Körperteil zu. Auch diese Hilfengebung kann von einer leichten Körperdrehung oder Vorwärtsbewegung zu einem energischen Schritt auf das entsprechende gesteigert werden. Ist dann noch immer keine Reaktion erkennbar oder fällt diese zu verhalten für den bereits erreichten Trainingsstand aus, werden die körpersprachlichen Hilfen durch Seil (schwingende Bewegungen oder das Berühren des Pferdes) oder Gerte (Touchieren der entsprechenden Körperregion) erweitert. Beim nächsten Versuch beginnen Sie wieder mit der leichtesten Hilfe, dem Hinwenden des Blickes und Ihres Körpers. Nach diesem Prinzip der Steigerung und Verstärkung arbeiten Sie in jeder Situation und in allen Übungen.

Beginnen wir mit dem Vorwärts-Seitwärts-Weichen. Zur Verstärkung der vorwärts-seitwärts treibenden Hilfe setzen Sie in den ersten Übungseinheiten die Gerte als verlängerten Arm ein. Diese richten Sie auf diejenigen Körperpartien, mit denen Ihr Pony weichen soll: die Schulter, die Hinterhand oder beides gleichzeitig durch Aktivierung der Mittelhand.

Zuerst wird im Stand, später im Schritt geübt. Am besten beginnen Sie mit dem Training an der Hinterhand, denn schon beim Anbinden und Putzen muss Ihr Pony häufiger mit der Hinterhand weichen und vielen Pferden fällt dies leichter. Reagiert Ihr Pony, lassen Sie nach und nehmen eine entspannte Körperhaltung ein. Pause ist angesagt und zeigt Ihrem Pony, dass es richtig reagiert hat. Zu Beginn reicht eine minimale Körperbewegung, eine Gewichtsverlagerung von dem Ihnen zugewandten Hinterbein auf das abgewandte. Verlangen Sie von Mal zu Mal eine stärkere Reaktion und loben Sie ausgiebig, wenn alles nach Wunsch klappt. Ganz wichtig: immer wieder Denk- und Entspannungspausen gewähren, damit keine Aufregung entsteht. Die verhindert effektives Lernen nämlich.

Dann geht's an die Schulter. Auch hier richten Sie Blick und Gerte wieder auf Ihr Ziel, intensivieren aber nach Bedarf die Hilfengebung wie oben beschrieben.

Es kann passieren, dass Ihr Pony nicht gleich richtig versteht und nach vorn wegläuft, um sich Ihren Hilfen zu entziehen. Dann ist es wichtig, weiter vorn, auf Höhe des Pferdekopfes, zu agieren und das Pony so nach vorn zu begrenzen. Das kennt es bereits vom Training zum Anhalten.

Schicken bzw. Treiben mit einfachen Hindernissen:
oben: vorwärts durch eine Gasse schicken.
mitte: das Gleiche rückwärts.
unten: im Trab am langen Zügel durch die Gasse.

Nun soll das Pony lernen, sich rückwärts zu bewegen; zunächst von Ihnen weg. Hierbei sieht das Pony nicht, was hinter ihm ist, weswegen das Vertrauen in seinen Trainer umso größer sein muss, aber eben auch vergrößert wird, wenn ohne Stress und Gewalt daran gearbeitet wird.
Am besten arbeiten Sie an der Bande, so besteht bereits eine Begrenzung zu einer Seite hin. Stellen Sie sich vor Ihr Pony und steigern Sie die Hilfengebung nach dem beschriebenen Grundprinzip. Bleibt es standhaft, verstärken Sie die Touchierhilfe an der Brust: Nerven Sie Ihr Pony ruhig, bis es irgendeine Reaktion zeigt, mit wiederholten Touchierhilfen. Stürmt Ihr Pony nach vorn auf Sie zu, hat es etwas noch ganz grundlegend nicht verstanden. Reagieren Sie darauf entsprechend energisch.
Das Schicken erfolgt aus dieser hinteren Führposition heraus. Wenn Sie sich beispielsweise auf der linken Seite des Ponys befinden, leiten Sie Ihre Gertenhilfe mit einer leichten Drehbewegung der rechten (dem Pony zugewandten) Schulter nach hinten ein. Die linke Schulter öffnet so den Weg nach vorn, die rechte Hand baut mit der Gerte Druck auf, dem das Pony nach vorn weichen soll. Bewegt es sich vorwärts, lassen Sie sich langsam in Richtung Hinterhand zurückfallen. Das Pony soll weitergehen. Ähnlich wie später an der Longe treiben Sie es nun mit der Gerte von hinten an.

Zum Beenden der Übung bewegen Sie sich seitlich weg vom Pony und rufen es zu sich. Dann ist Entspannen angesagt. Sich ohne diese Aufforderung zu Ihnen umzudrehen, ist allerdings eine herausfordernde Geste und darf nicht geduldet werden! Es provoziert Sie. Jetzt hilft nur, den Kopf des Ponys mit der Hand oder mit Hilfe des Gertenknaufs von Ihnen wegzudrehen, das Pony so ein Stück zu führen und sich erst dann wieder zurückfallen zu lassen in die hintere Führposition.

(Leckerlis) Füttern aus der Hand

Ich würde die Fütterung von Leckerlis an geeigneter Stelle – natürlich nicht als Allheilmittel! – nicht aus dem Training mit Ponys verbannen. Vielfach wird davon abgeraten. Es werden Bedenken laut, das Pony würde sich dann nicht mehr so gut bei der Arbeit konzentrieren oder regelrecht zum Betteln provoziert. Dabei geht es eigentlich nur um drei Grundlagen, die ein Pony erlernen muss, um Futterlob einen sinnvollen Platz in der Ponyausbildung einräumen zu können:
Es muss lernen, den Kopf abzuwenden, das Futter langsam aus der Hand zu nehmen und nicht zu betteln. Dann stellt sich die Frage nach dem Für und Wider der Gabe von Futterlob gar nicht mehr.
Sie rüsten sich mit reichlich Leckereien aus und stellen sich auf Kopfhöhe neben Ihr Pony. Nun heißt es geduldig warten, bis Ihr Pony zufällig den Kopf von Ihnen abwendet. In diesem Moment kommt entweder der Klicker oder ein Lobwort, das Sie konsequent immer benutzen, zum Einsatz. Dann reichen Sie Ihrem Pony das Leckerchen. Strecken Sie dazu die Hand soweit aus, dass Ihr Pony nicht wieder den Kopf zu Ihnen wenden muss, um an seine Belohnung zu kommen. Es soll ja lernen, dass der abgewandte Kopf diejenige Reaktion ist, die erwünscht ist und belohnt wird.
Jetzt wird Ihr Pony zunächst noch nicht wissen, was eigentlich der Grund für diesen unerwarteten Futtersegen war. Vielleicht fängt es an, Ihre Hosentasche oder das Leckerlisäckchen erkunden zu wollen. Drehen Sie sich in diesem Fall einfach weg und warten Sie – ohne Ihr Pony anzusprechen, zu tadeln oder zu berühren. Durch den Einsatz von Futter lernen Ponys diese Übung sehr schnell.
Zweitens soll das Pony lernen, das Leckerchen sachte aus Ihrer Hand zu nehmen und Sie nicht versehentlich zu beißen. Das gilt vor allem, wenn Kinderhände im Spiel sind. Reichen Sie das Futter

Hat das Pony die Grundregel, dass es nur Futter bekommt, wenn es sich von Ihnen abwendet, verinnerlicht, können Sie um ein Vielfaches entspannter zusammenarbeiten. Bevor es soweit ist, sind aber regelmäßige Wiederholungen ganz wichtig.

hin, verschließen Sie aber sofort die Hand, wenn das Pony sich gierig darauf stürzt. Die Hand öffnet sich erst wieder, wenn das Pony Ihre geschlossene Faust vorsichtig mit den Lippen bearbeitet. Ziehen Sie für diese Übung unbedingt Handschuhe an!

Zusammengefasst läuft das Loben mit Futter also wie folgt ab:
Sie loben mit einem immer gleichen Lobwort oder dem Klicker. Das Pony wendet den Kopf zur Seite. Sie reichen ihm das Futter, indem Sie die Hand in seinen Privatbereich ausstrecken. Das Pony nimmt vorsichtig das Futter aus Ihrer Hand und wartet dann ruhig darauf, wie es weitergeht. Sucht es stattdessen nach dem Lobwort Futter in Ihren Taschen, wenden Sie sich ab und warten, bis es verstanden hat, dass es so nicht zum Ziel kommt.

3 Basisarbeit

3. Basisarbeit

3.1. Das Spazierengehen

Erscheint es Ihnen überflüssig, dass dem Spaziergang mit Pony ein ganzes Kapitel gewidmet wird? Sie werden überrascht sein: Kaum eine Beschäftigung mit Ihrem Pony ist so vielseitig, aufschlussreich und wertvoll. Ich empfehle das Spazierengehen jedem, der ein neues Pferd hat und es erst richtig kennen lernen muss, sowie in der Ausbildung des Jungpferdes. Fohlen und junge Pferde können so das Gelände als etwas Vertrautes kennen lernen und werden in der Regel keine Probleme haben, sich hier allein reiten zu lassen.

An welchen Orten?

Überall, aber dem Verhältnis von Kontrolle und Gefahr angemessen.
Wenn Sie die Vielfalt der Waldlandschaft nutzen möchten, indem Sie nicht nur auf gut befestigten Wegen gehen, sondern mal einen Schleichpfad einschlagen, seien Sie vorsichtig: Verlassen Sie vor allem in der Schonzeit, also wenn die Tiere trächtig sind und Junge haben, niemals die befestigten Wege, um das Wild nicht zu stören! Informieren Sie sich über Jagdzeiten in Herbst und Winter. Im Sommer meiden Sie trotz der Kühle lieber besonders lichte Wälder und Waldränder. Hier gibt es viele Bremsen, die vom Tiergeruch angezogen werden.

Mit welcher Ausrüstung?

Die StVO sieht bei Pferden, die am Straßenverkehr teilnehmen, nicht mehr ausdrücklich das Tragen einer Trense vor. Pferde sind dann im Straßenverkehr zugelassen, wenn sie von geeigneten Personen begleitet werden, die ausreichend gut auf sie einwirken können. Im Zweifel, also wenn tatsächlich Ihr Pony bei einem Unfall einen Schaden verursacht, müssen Sie dies nachweisen können. Sie sollten erst und nur dann mit dem Halfter spazieren gehen, wenn Sie sich mit dieser Ausrüstung sicher und Herr über Ihr Pony fühlen. Bei einem gemütlichen Waldspaziergang und langen Wanderungen bevorzuge ich jedoch ein gut sitzendes Halfter und einen langen, nicht zu schweren Baumwollstrick.

Mit welchen Voraussetzungen?

Zwar schafft das Spazierengehen in meinen Augen die Grundlage für alle anderen Arbeiten mit Ihrem Pony (Verständigung, Rangordnung und Vertrauen). Doch um einen für alle Beteiligten sinnvollen Aus-

Nähert sich ein Pony neugierig statt ängstlich unbekannten Objekten und Situationen, werden entspannte Ausflüge möglich. Daher gehört Scheutraining zur Vorbereitung auf gemeinsame Spaziergänge.

flug machen zu können, müssen gewisse Voraussetzungen erfüllt sein – es schließt sich ein Kreis sich bedingender Faktoren, die eine gute Beziehung zu Ihrem Pony ausmachen.

Ein Wort zum Kleben: Unter dem Begriff Kleben versteht man ein natürliches Verhalten, das im täglichen Umgang zum Problem werden kann. Das Pony möchte sich keinesfalls von seinen Stallkollegen trennen und mit Ihnen allein Weide oder Stallgelände verlassen. In der Herde, mit der es in der Regel den Großteil des Tages verbringt, fühlt es sich sicher. Mit Ihnen mitzugehen bedeutet, diese Sicherheit aufzugeben. Auch an dieser Stelle ist also ein belastbares Vertrauensverhältnis durch ein klar strukturiertes, konsequentes und pferdegerechtes Training herzustellen. Das beginnt in jedem Fall mit der Ponygrundschule.

Wichtige Grundsätze beim schrittweisen Training sind hierbei: Erstens, dass Sie sich nur so weit zusammen mit Ihrem Pony vom Stallgelände entfernen, wie es gerade noch ruhig bleibt. Zweitens, dass Sie absolut gelassen und emotionslos bleiben. Loben Sie Ihr Pony ausgiebig fürs Mitkommen, bleiben Sie kurz stehen, kehren Sie wieder um zum Stall und wiederholen Sie die Übung mehrmals. Dabei erhöhen Sie die Distanz ganz langsam. Da das ein langer Prozess sein kann, ist es ratsam, möglichst oft zu üben. Wenn Sie eine Möglichkeit haben, das Pony in einiger Entfernung vom Stall grasen zu lassen, dann umso besser – machen Sie ein Fresspäuschen. Das beruhigt die Nerven und lenkt ab. Und vergessen Sie nicht: Rückschritte gehören zum Lernprozess dazu.

Ziel ist es, dass Ihr Pferd sich so an Ihnen orientiert, dass Sie ohne weitere Hilfsmittel spazieren gehen können. Bei jedem größeren Spaziergang wird nämlich das Herumtragen einer Gerte bald ermüdend.

Welches ist das Grundprinzip?

Im Grunde geht es darum, dass Sie und Ihr Pony jede nur denkbare Geländesituation meistern und Ihr Pony dabei artig neben oder hinter Ihnen geht. Beim Spazierengehen geht es um Entspannung, Festigung der Bindung sowie die Gewöhnung an furchterregende Dinge im Gelände.

Wie gehe ich vor?

Spazierengehen ist für beide Beteiligten vor allem Genuss. Phasen der Anspannung und Konzentration können mehr und mehr eingebaut werden (Übungen), sollten aber die Zweisamkeit in der Natur nicht dominieren.

Geben Sie Acht auf Ihr Pony – Ist es in Gedanken bei Ihnen oder schaut es sich gestresst um? Denkt es nur daran, wie es jetzt als nächstes einen Grashalm erhaschen kann, anstatt auf Sie Rücksicht zu nehmen?

Das Naschproblem ist nur eine Konzentrationsfrage: Ein »Nein!«, wenn das Pony schon frisst, lassen Sie besser sein. Es wird den Sinn des Wortes nur verstehen, wenn es damit eine gewisse Enttäuschung verbindet. In dem Moment, in dem das Pony das Maul voll Gras hat, verpufft jede erzieherische Wirkung. Seien Sie vor allem am Anfang nicht zu zimperlich. Das Reißen am Halfter kann sonst zum lästigsten Problem überhaupt werden. Manche Ponys reißen sich hierfür früher oder später durchaus los, wenn sie merken, dass Sie nicht voll bei der Sache sind.

Auf die ruckartige Abwärtsbewegung des Ponys mit einem ruckartigen Ziehen am Halfter zu antworten, ist nicht sonderlich effektiv und macht den Spaziergang zu einer Kraftprobe. Viel besser ist es, konzentriert zu bleiben und das Pony nicht aus den Augen zu lassen. Sie müssen den Moment abpassen, in dem Ihr Pony gerade den Plan schmiedet, den Kopf ruckartig abwärts zu bewegen. Viele Ponys

Zwischendurch darf Ihr Pony auch grasen, wenn Sie es jederzeit wieder untersagen können. Bringen Sie ihm ein Kommando bei, auf welches hin es grasen darf und wählen Sie Strecken aus, bei denen Ihrem Pony das Gras nicht bis ins Maul wächst. Matthias Schwarzkopf mit Max.

schielen dann gierig oder machen das Mäulchen lang. Genau in diesem Moment und bevor es zieht, müssen Sie reagieren. Erschrecken Sie es. Das Ende eines langen Westernropes kann hier gute Dienste leisten, wenn es in einem unerwarteten Moment angeschwungen kommt. Oder zwicken Sie es ins Ohr (Erschrecken, nicht verletzen!). Der Überraschungsmoment ist Ihre beste Hilfe, um Eindruck zu machen. Je unerwarteter eine Reaktion von Ihnen erfolgt, desto größer ist der Effekt. Also kein großes Aufhebens machen, sondern mit einer möglichst beiläufigen Bewegung den Versuch des Naschens verhindern. Verbunden mit einem deutlichen »Nein!« wird es – nach viel Übung und unbedingter Konsequenz! – bald nicht mehr nötig sein, immer hinzuschauen.

Sie wollen einfach so spazieren oder wandern, ohne andauernd geistig bei Ihrem Pony zu sein, mal die Gedanken streifen lassen? Das geht. Aber nur im Rahmen. Am Anfang der Ausbildung ist es tabu, das Pony einfach machen zu lassen. Auch nicht ausnahmsweise. Nur ein anständiges und erzogenes Pony ist eine Freude. Harmonie ist Arbeit!

Nicht nur unbelebte Gegenstände sind auf Ihrem Spaziergang eine Herausforderung. So werden sicherlich Kinder, die sich für das Pony interessieren, angerannt kommen und hektische Bewegungen machen. Oder sie nähern sich zu zaghaft. Ängstliche Kinder verunsichern Pferde oftmals und so ist es an Ihnen, Ihr Pony von eventuellen Reaktionen abzuhalten, die gefährlich werden können. Reden Sie mit den Kindern und strahlen Sie gegenüber Ihrem Pony Souveränität aus.

Ich stelle immer wieder fest, dass gerade Ponys als eine Art »Allgemeingut» betrachtet werden, das man mit der größten Selbstverständlichkeit streicheln und füttern darf. Sie müssen jedoch entscheiden, ob das zu verantworten ist und ob Sie das überhaupt möchten! Nicht nur, weil es Ihr Pony ist, sondern auch, weil Sie die Verantwortung für mögliche Unfälle und Verletzungen zu tragen haben. Machen Sie das allen distanzlosen Passanten klar!

Übungsideen

Führtraining und Seitwärtsweichen

Ein Spaziergang über Feld- und Wiesenwege bietet sich an, um zwischendurch die in der Ponygrundschule beschriebenen Führtrainingslektionen zu festigen und Ihrem Pony so zu verdeutlichen, dass sein braves Nebenhergehen nicht nur dem Hof oder Platz vorbehalten bleiben soll.

Wenn Sie mit der Fingerspitze oder der Gerte Druck auf die Hinterhand ausüben, soll Ihr Pony diesem Druck weichen und sich mit der Hinterhand von Ihnen weg bewegen. Genauso lernt es, beim Druck an der Schenkellage (wo beim Reiten der Schenkel des Reiters treibend einwirkt) seitwärts zu weichen.

Natürliche Hindernisse nutzen

Im Wald können Sie Ihr Pony in Ergänzung zur Bodenarbeit zu Hause mit verschiedenen Bodenhindernissen vertraut machen. Auf dem Boden herumliegende große Äste und kleine Bäumchen bieten sich an. Auch die Bordsteinkante einer ruhigen Seitengasse kann als Stangenersatz mit besonderem Schwierigkeitsgrad durch den zusätzlichen Höhenunterschied zum interessanten Bodenhindernis werden.

Sie können durch Schnalzen den richtigen Zeitpunkt fürs Beineheben angeben und selbst in raumgreifenden Schritten hinübergehen, um Ihr Pony zu animieren. Auch das seitliche Übertreten dieser natürlichen Bodenhindernisse kann geübt werden.

3 Grundregeln für das Spazierengehen

- ***1. Spazierengehen ist Ponyausbildung en passant: In erster Linie lernt das Pony, den Schutz der Herde gegen Ihre Führungskompetenz einzutauschen; Führ- und Scheutraining greifen ganz selbstverständlich ineinander mit der zunehmenden Bereitschaft, sich unter Ihrer Verantwortung vertrauensvoll zu entspannen.***
- ***2. Seien Sie achtsam sich selbst gegenüber – Ihre innere Ruhe, Ihr Gang, Ihre Fähigkeit, sich ganz im Hier und Jetzt zu bewegen – und gegenüber Ihrem Pony. Es merkt sofort, wenn Sie angespannt, abgelenkt oder unruhig sind und wird sich entsprechend verhalten.***
- ***3. Achten Sie auf (regionale) Bestimmungen zur Nutzung von (Wald-)Wegen mit Huftieren und respektieren Sie, dass Felder und Wiesen Privatgrundstücke sind, die auch mit dem kleinsten Pony nur mit vorher eingeholter Erlaubnis betreten werden sollten.***

Umgefallene oder gefällte Bäume und Äste im Wald laden zu kleineren Sprüngen ein. Springen Sie nicht vor Ihrem Pony, sondern neben ihm, damit Sie es gut im Blick haben! Vor allem müssen Sie darauf achten, Ihr Pony nach dem Sprung nicht ruckartig am Halfter herumzuziehen, sondern es behutsam zu bremsen (mit den gewohnten körpersprachlichen und stimmlichen Hilfen).

Ab ins Wasser!

Ein Fluss oder See bietet eine ideale Gelegenheit, das Vertrauensverhältnis zu Ihrem Pony besonders zu festigen. Planschen und Badespaß zu zweit beginnen nämlich mit Vertrauen.

Für Pferde hat Wasser grundsätzlich erst einmal etwas Bedrohliches: durch trübes Wasser ist nicht abzuschätzen, wie tief die Pfütze oder das Bächlein vor ihnen ist, Wolken spiegeln sich darin und die Oberfläche wird vom Wind bewegt. Genug Gründe also, lieber einen Bogen darum zu machen.

Bevor Sie sich dem Badespaß Schritt für Schritt nähern, ziehen Sie ein paar feste Schuhe und Handschuhe an! Sie brauchen darüber hinaus eine Gerte. Das Training beginnt zu Hause.

Zunächst stehen wieder Führübungen an (siehe Ponygrundschule) und Bodenarbeit. Erst wenn Ihr Pony Ihnen in allen Situationen am durchhängenden Strick folgt, anhält, wenn Sie stoppen und sich von Ihnen schicken lässt, brauchen Sie überhaupt erst an Übungen mit Wasser zu arbeiten.

links oben:
Erste Übungen zu den Seitengängen lassen sich ohne Weiteres ins Gelände verlegen. Fragen Sie bei allem Eifer jedoch nicht ununterbrochen Gehorsamslektionen ab.
links unten:
Die Bäume am Wegesrand bieten sich für einen mehr oder weniger schweren Slalom an. Ihr Pony muss sich umso mehr biegen, je dichter die Bäume zusammenstehen.

Ein Baumstumpf, eine Bank oder kleine Mauer können von Ihrem Pony mit den Vorderhufen betreten werden. Das trainiert die Bauchmuskeln und dehnt die Oberlinie.

Und dann geht's nach draußen. Suchen Sie sich eine Übungspfütze! Oder produzieren Sie mit einem Wasserschlauch selbst eine. Schritt für Schritt soll es Ihnen auch hier folgen. Tippen Sie es bei zögerlichem Verhalten mit der Gerte an. Es gilt wieder das gewohnt schrittweise Vorgehen: Einen Schritt nach vorn, kurze Pause, loben und Ruhe in die Situation bringen, noch ein Schritt nach vorn und so weiter. Tritt das Pony wieder zurück, bleiben Sie beharrlich, tippen es mit der Gerte an der Hinterhand an und geben nicht nach, bis es sich wieder einen Schritt nach vorn bewegt. Manchmal müssen Sie dabei einen langen Atem beweisen. Nehmen Sie sich also viel Zeit und Geduld mit zum Training. Die Planensituation ist nicht für jedes Pony gleich auf die unergründlich tiefe und von gefährlichen Meeresungeheuern bewohnte Pfütze übertragbar ... Es geht darum, das Pony so lange zu touchieren – ja zu nerven – bis es diesen einen Schritt nach vorn als

Lösung aus dieser Situation probiert. Dann müssen Sie sofort nachgeben.
Und nun ab ins Badewasser! Günstige Übungsgewässer sind solche, die einen flachen Einstieg ins Wasser ermöglichen und nur allmählich tiefer werden. Ist das Ufer nicht trittfest oder sehr steil und rutschig, bringen Sie sich und das Pony in Gefahr: Das Ufer könnte abbrechen oder Ihr Pony so ins Wasser rutschen oder stolpern, dass es stürzt. Gerät es dann in Panik, kann es für Sie gefährlich werden. Pferde verlieren ihren Gleichgewichtssinn sobald Wasser in die Ohren kommt. Dann kann es schlimmstenfalls selbst in einem sehr flachen Gewässer ertrinken, weil es nicht mehr auf die Beine kommt. Sorgen Sie also für einen sicheren Trainingsablauf!

Beim ersten Training kommen Sie also nicht drum herum, Schuhe und Hose zu durchnässen. Setzt es einen Schritt in die richtige Richtung, geben Sie nach. Geht es zurück, bleiben Sie beharrlich. Bleiben Sie stets leicht seitlich, denn möglicherweise macht das Pony einen Sprung ins Wasser oder erschrickt – dann müssen Sie Ihre Füße in Sicherheit bringen. Im Wasser angekommen, machen Sie eine Entspannungs- und »Ich freu mich ja so, dass du dich das getraut hast«-Pause.

3.2. Bodenarbeit und Scheutraining

Die Arbeit am Boden ist die Grundlage für eine gute Kommunikation zwischen Mensch und Pony sowie das Erlernen der elementaren Hilfen durch Gerten- und Körpereinsatz. Alle Übungen zielen darauf ab, dem Pony zu helfen, sich zu biegen, nachzugeben, zu konzentrieren und alle Teile seines Körpers geschickt zu koordinieren.
Im Rahmen dieses Buches soll der recht weitläufige Begriff der Bodenarbeit diejenige Arbeit mit dem Pferd umfassen, bei der Sie Ihr Pony an Strick und Halfter über Bodenhindernisse führen und durch Übungen des Scheutrainings leiten. Der Kürze dieses Buches geschuldet, kann ich hier nur den Anstoß zur Weiterarbeit geben.

An welchen Orten?

Überall dort kann Bodenarbeit durchgeführt werden, wohin Sie die Ausrüstung transportieren können, die Sie sich für Ihre Arbeit ausgesucht haben. Manchmal bietet sich im Gelände die Gelegenheit, eine kleine Kommunikationsübung einzulegen, wie wir im vorangegangenen Kapitel gesehen haben. Im Grunde also können Sie überall üben, wo sich Ihr Pony sicher fühlt und auf Sie konzentrieren kann.

Mit welcher Ausrüstung?

Zunächst empfehle ich ein Halfter, einen Strick und zur Präzision ihrer Hilfen eine Gerte von ausreichender Länge.
Egal, ob Knotenhalfter, Nylon oder Leder. Es muss gut sitzen, um eindeutige Hilfen zu erlauben.
Der Strick darf nicht zu lang, die Gerte nicht zu schwer sein. Achten Sie auf eine gut ausbalancierte Gerte, damit Arm und Handgelenk nicht bald ermüden.
Beschaffen Sie sich ein paar Stangen, Hütchen, alte Autoreifen, Plastikplanen oder andere Utensilien, um die Arbeit abwechslungsreich und sinnvoll gestalten zu können.

Mit welchen Voraussetzungen?

Das Pony muss die Gerte als ungefährliches Hilfsmittel akzeptieren und Touchierhilfen insofern Folge leisten, als dass es ausweicht, aber nicht unruhig wird oder panisch reagiert. Die Gerte dient im Sinne der präzisen Hilfengebung als Verlängerung Ihres Armes. Um dem Pony die noch unbekannte Gerte vertraut zu machen, kann man es zu Beginn damit abstreichen. Es lernt so die Berührung kennen. Später bedeutet die Gerte Arbeit, das heißt Konzentration auf die von ihr übermittelten Hilfen. Bei der Bodenarbeit, wie später bei den Zirkuslektionen, wird die Gerte an ganz bestimmten Punkten eingesetzt, um eine erlernte Reiz-Reaktions-Kette auszulösen. In der Ponygrundschule legen Sie die Grundlagen für das richtige Verständnis Ihrer Hilfen.

Welches ist das Grundprinzip?

Sinn und Ziel jeder Bodenarbeit ist, Aufmerksamkeit und Körpergefühl des Pferdes zu fördern. Sie lassen es auf körpersprachliche Signale hin in jede beliebige Richtung und über Bodenhindernisse treten. Dabei muss es seine Beine entsprechend koordinieren und aufmerksam mitarbeiten.

Seitliches Ausweichen, Rückwärtsrichten und Vorwärtsschicken sind, zusammen mit dem Heben des Beines auf Gertenberührung hin, Grundlagen der Bodenarbeit. Die Hilfengebung beruht dabei auf dem Grundlagentraining der Ponygrundschule und wird nur dann im Besonderen in den einzelnen Übungsvorschlägen näher erläutert, wenn sie von diesem basalen Hilfensystem abweicht.

Wie gehe ich vor?

Der Kreativität sind bei der Bodenarbeit keine Grenzen gesetzt. Ponys Selbstbewusstsein und Ihre Teamarbeit wird mit jeder neuen Übung wachsen.

Zerlegen Sie alle Übungen in Einzelschritte. Halten Sie inne, um die unbedingt notwendigen Denkpausen zu ermöglichen oder wenn Ihr Pony überfordert wirkt. Gehen Sie die Sache dann noch einmal ruhig und sorgfältig an oder einen Teilschritt zurück in der Erarbeitung.

Lenken Sie die Aufmerksamkeit Ihres Ponys auf die Bodenhindernisse, damit es nicht darüberstürmt, sondern seine Beine bewusst einsetzt. Gehen Sie links vom Pferd. Sie führen in der linken Hand eine Gerte, mit der Sie, in Richtung Stange weisend, die Aufmerksamkeit Ihres Ponys nach abwärts auf die Aufgabe vor ihm lenken. Die Gerte als begrenzendes, richtungsweisendes Hilfsmittel kennt Ihr Pony ja bereits. Erst wenn die Übung gut klappt, wechseln Sie die Führseite und/oder nähern sich dem Hindernis von der anderen Seite. Sie werden gelegentlich feststellen, dass ein Bodenhindernis von der anderen Seite begangen, nicht automatisch als bekannt gelten kann. Da Pferde die Dinge, die sich seitlich von ihnen befinden, nur mit dem diesen zugewandten Auge betrachten können, erscheint es ihnen häufig »auf dem anderen Auge« völlig neu. Stößt Ihr Pony beim Begehen von Bodenhindernissen an oder verschiebt etwas, belassen Sie ruhig alles so. Es ergeben sich mitunter ungewollt neue Übungsaspekte und das Übungsarrangement wird variiert. Sind Sie jedoch noch ganz am Anfang der Erarbeitung und Ihr Pony mit dem so entstandenen Durcheinander überfordert, räumen Sie zunächst alles wieder an seinen Platz, bevor Sie fortfahren.

Die richtige Reaktion wird sofort gelobt. Ihre Stimme, ein entspannender Moment und nicht zuletzt ein Leckerchen machen unmissverständlich deutlich, wann Ihr Pony richtig reagiert hat. Bei der Arbeit am Boden ist die Gerte ein wertvolles Hilfsmittel, das Ihre Reichweite erhöht. Zum anderen ist die Gerte ein recht unmissverständliches Hilfsmittel, denn es imitiert die Pferdesprache in gewisser Weise. Zwickt ein Pferd das andere in die Seite, so bedeutet das auch unter Pferden eine Aufforderung zum Ausweichen. Mit der Gerte aktivieren Sie also einzelne Körperteile. Sitzen die Lektionen muss die Gerte oder Peitsche nur noch anwesend sein – eine Berührung ist dann in der Regel nicht mehr nötig. Die Gerte unterstützt Ihre Stimmhilfe durch bloße Andeutung. Denken Sie an ein klares und über-

Ihr eigener Schritt beeinflusst den Ihres Ponys. Geht das Pony zu schnell, signalisieren Sie Ruhe durch einen nicht schleichenden aber ruhigen Gang und gehen Sie weiter vorn im Blickfeld des Ponys. Ist es faul, wecken Sie es auf durch Abwechslung und einen energischeren Gang (eventuell unter Einsatz von Touchierhilfen mit der Gerte).

schaubares Vokabular, das sich Ihr Pony einprägen kann.

Hilfen sind am deutlichsten, wenn mehrere Sinne (gleichzeitig) angesprochen werden – hier ist einfach die Wahrscheinlichkeit des Verständnisses und der Wahrnehmung am größten. So werden Ihre Hilfen in der Regel Kombinationen aus Gerten-, Stimm- und körpersprachlichen Hilfen bleiben. Sobald die gewünschte Reaktion ansatzweise erfolgt, geben Sie nach. Damit stumpft das Pony nicht ab und lernt, sich auf wenige, eindeutige Signale zu konzentrieren. Die Belohnung folgt dann prompt, indem sich das Pony im weiteren Verlauf der Übung entspannt bewegen darf.

Halten Sie die Übungssequenzen kurz und ermüden Sie Ihr Pony nicht durch eine wirre Vielfalt an Übungen. Die einzelnen, im Folgenden beschriebenen Hindernisse bieten viele Variationsmöglichkeiten. Die müssen aber nicht alle an einem Tag durchprobiert werden. Beschränken Sie sich auf einige wenige, die dafür sorgfältig angegangen werden. Beginnen Sie beispielsweise mit Bekanntem, um das Pony auf die Arbeit einzustellen. Dann können Sie ein oder zwei neue Übungen einbauen, um zum Schluss noch einmal eine bekannte Lektion zu festigen. So beenden Sie die Übungseinheit mit einem Erfolgserlebnis, was wichtig ist für beider Motivation!

In das Scheutraining können Sie vielfältiges Arbeitsmaterial einbauen. Wichtig ist dabei nur, die furchteinflößenden Objekte möglichst emotionslos einzuführen. Sie führen Ihr Pony entweder an den Gegenstand heran oder berühren es damit. Beginnen Sie an Stellen, die im Blickfeld des Ponys liegen und ermöglichen ihm jederzeit den Rückzug, um es nicht in Panik zu versetzen. Steigern Sie die Reiz-Intensität nur so langsam, dass das Pony keine Veränderung wahrnimmt und deshalb gelassen bleibt. Dafür wird es stets ausgiebig gelobt.

Übungsideen

Stangenarbeit

Legen Sie mehrere ***Stangen sternförmig*** auf verschiedene Ebenen eines Hindernisständers oder einen Autoreifen. Für Ihr Pony besteht die Schwierigkeit der Übung darin, dass die Stangen zur Mitte des Sterns hin höher und dichter beieinander liegen. Der ***Rost*** besteht aus einigen Stangen, die jeweils auf einer Auflage liegen. Zwei weitere Stangen, Ziegelsteine, Hindernisständer oder Autoreifen sind als Auflagefläche denkbar.

Den Schwierigkeitsgrad erhöhen können Sie, indem Sie das Tempo steigern, wahlweise rechts und links vom Pferd gehend üben oder eine Stange auf den Boden, die nächste wieder auf den Reifen legen – so nutzen Sie dieses Hindernis in seiner ganzen Vielseitigkeit.

Zur Unterstützung sind anfangs touchierende Gertenhilfen an der Hinterhand hilfreich. Sie begrenzen dann das Pony seitlich, wenn es überzutreten droht. Eine aus zwei oder vier Stangen gelegte ***Gasse*** bietet eine Fülle von Übungsmöglichkeiten. Führen Sie Ihr Pony zunächst gerade hindurch. Später können Sie den Stangenengpass rückwärtsgerichtet wieder verlassen.

Das Stangen-L ist eine Erweiterung der einfachen Gasse um eine weitere, im 90° Winkel daran angelegte Gasse. Besonders spannend ist das Rückwärtsrichten durch die entstandene Ecke. Sie führen zunächst das Pony nicht ganz durch die Ecke, sondern richten es aus der Kurve heraus rückwärts.

Das Stangen-L erfordert ein präzises Zusammenspiel der Hilfen, denn Rückwärtsgehen sowie Vorhand- und Hinterhandwendung werden im Wechsel kombiniert.

3 Grundregeln für die Bodenarbeit

- ***1. Bieten Sie eine entspannte, aber konzentrierte Arbeitsatmosphäre! Indem Sie immer wieder Grenzen setzen und das Pony mit feinen Hilfen bewegen, sind sie eine verlässliche Vertrauensperson und bieten Sicherheit durch Führung.***
- ***2. Gerte und/oder Strickende dienen der präzisen Kommunikation und nicht sozialen Freundschaftsbekundungen!***
- ***3. Schließen Sie Überforderung und Ermüdung durch eine zu große Vielfalt an Übungen aus! Zehn bis fünfzehn Minuten Bodenarbeit am Tag sind – wenn sie sorgfältig angegangen werden und sich sinnvoll ins Trainingsprogramm einfügen – ausreichend.***

Scheutraining

Die Überquerung einer zwischen zwei Stangen ausgelegten Plane ist eine klassische Übung des so genannten Scheutrainings. Ihr Pony lernt, sich »gefährlichen« Herausforderungen zu stellen, ohne zu scheuen. Es wird also erfahren, dass es sich in jeder Situation auf Sie als sein Leittier verlassen

oben: sternförmig gelegte Stangen im Fächer.
unten: eine Stangengasse.

oben: der Stangenrost.
unten: rückwärts durch die Ecke des Stangen-L.

kann und Sie es nicht in eine für Sie beide unüberwindliche Situation bringen.

Die Plane oder einen Teppich beschweren Sie links und rechts mit einer Stange. Sie verhindert das Wegflattern der Plane und dient als Begrenzung.

Führen Sie Ihr Pony heran – nicht zögernd, sondern entschlossen; nicht hektisch, aber bestimmt – und lassen Sie es Bekanntschaft machen mit dem neuen Objekt. Treiben Sie nicht zu heftig und zerren Sie nicht am Halfter. Pferde weichen einem allzu großen Zwang rückwärts aus und so bewirken Sie das Gegenteil Ihres Arbeitsziels. Locken Sie es stattdessen in leicht gebeugter Haltung zu sich.

Üben Sie weiter, bis es das Bodenhindernis gelassen nimmt, Ihnen ohne zu zögern darüber folgt, darauf still stehen bleibt und sich eventuell darauf wenden lässt. Dann gehen Sie über zum Schicken. Als letzte Steigerung der Übung können Sie etwas Wasser auf die Plane geben.

Auch eine ***Gasse***, links und rechts durch gespanntes oder aufgehängtes Absperrband gesäumt, gehört

zum Scheutraining. Das Absperrband hängt in Streifen herab, die sich bei Wind bewegen und Ihr Pony beim Hindurchgehen berühren.
Weitere Gegenstände, die Sie für das Scheutraining einsetzen können, sind Luftballons oder aufgespannte Regenschirme, klappernde Dosen in einer Schubkarre oder eine Plane, die Sie Ihrem Pony überziehen. Nehmen Sie sich für diese Übungen einen Helfer mit, der den Regenschirm aufspannt und schließt, die Schubkarre an Ihrem Pony vorbeifährt oder sich langsam mit der Plane nähert. So haben Sie alle Hände frei und können sich ganz auf das Pony konzentrieren.

Die Plane.

Arbeit im Round Pen und Freiarbeit

Arbeit im Roundpen und Freiarbeit sind Arbeitsmethoden, die mit der Bodenarbeit in Verbindung gebracht werden und diese ergänzen.
Bei der Arbeit im ***Round Pen*** – einem mehr oder weniger solide abgesperrten Longierzirkel – bewegt sich das Pferd völlig frei, ohne Longe oder Strick, auf der Kreisbahn um den Trainer herum. Sie hat sich immer mehr den Ruf einer besonders sanften Methode errungen, was jedoch differenziert betrachtet werden muss. Meist gehen Ponys hier flotter als an der Longe. Das lässt sich verstehen, wenn wir uns in unser Pony hineinversetzen. Der abgesperrte Rahmen stellt für jedes Pferd eine gewisse Drohkulisse dar, die es massiv in seiner Bewegungsfreiheit einschränkt: Es kann nicht fliehen – immer geht es nur im Kreis herum, es kann in keine Ecke ausweichen, es kann aber auch nicht zu Ihnen kommen. Im Klartext nutzt man eine Situation aus, in der das Pony latente Panik und Bedrohung verspürt.

Durch die Begrenzung des Round Pens kann sich Ihr Pony Ihren körpersprachlichen Hilfen nicht entziehen. Daher ist es hier besonders wichtig, eine entspannte Arbeitsatmosphäre herzustellen.

Darüber hinaus ist das Pony in dem Moment, in dem wir es auf die äußere Kreisbahn des Round Pens hinaustreiben, von seiner »Herde« isoliert, die bei Ihrer gemeinsamen Arbeit Sie darstellen. Es ist schutzlos. Dieses Arbeitsumfeld veranlasst das Pony dazu, sich stärker auf Sie zu konzentrieren, oft prompter zu reagieren. Und das kann durchaus hilfreich sein, um gewisse Grenzen aufzuzeigen. So ist ein (selbstgebauter) Round Pen nützlich bei eher unkonzentrierten und unlustigen Ponys oder solchen, die beim Longieren dazu neigen, immer mehr zur Zirkelmitte abzudriften. Das macht die Trainingsmethode in vielen Fällen effektiv, aber eben nicht so sanft, wie es auf den ersten Blick scheinen mag.
Der Round Pen ist also gut geeignet, wenn beim Longieren Verständigungsprobleme auftreten, denn hier können Sie sich ganz auf Ihre Körpersprache konzentrieren. Die einzelnen Positionen des Longierens gelten natürlich auch für den Round Pen, können hier aber noch akzentuiert werden, weil Sie sich freier bewegen können. So können Sie zum

Beispiel Ihrem Pony ganz bewusst und deutlich in den Weg treten, wenn es Ihre verwahrende Position nicht ernst nimmt. Sie setzen also deutliche Grenzen und reagieren konsequent auf deren Überschreitung. Damit demonstrieren Sie Ihre Führungsrolle, wirken erzieherisch auf Ihr Pony ein, geben gleichzeitig aber auch Sicherheit. Letztere resultiert vor allem aus Ihrer Berechenbarkeit: Die Konsequenzen müssen absolut verlässlich, Ihre Körpersprache eindeutig sein.

Als ranghöheres Tier bewegen Sie Ihr Pony bei der Round Pen-Arbeit im Kreis um sich herum. Zunächst schicken Sie es in gewohnter Weise von sich weg auf die äußere Kreisbahn.

Geht das Pony auf der Kreisbahn, suchen Sie sich eine Stelle, an der Sie einen Gangart- oder Tempowechsel initiieren möchten. Der Blick sollte auf den jeweils zu aktivierenden Körperteil gerichtet sein. Beim Wechsel in eine höhere Gangart ist dies die Hinterhand des Ponys. Atmen Sie ein, drehen Sie Ihre dem Pony zugewandte Schulter nach hinten, heben Sie den Arm derselben Seite und lehnen Sie sich leicht im Oberkörper nach vorn.

Erfolgt keine Reaktion, verstärken Sie die Hilfen durch Wedeln mit dem Seil, werfen des Seils, Einsatz der Gerte oder Peitsche. Letztere gehört zwar nicht klassischerweise ins Repertoire der Hilfsmittel in der Roundpenarbeit, sollte aber gerade bei bequemeren Ponys lieber durch ihren kurzen Einsatz die Konzentration fördern, als dass Sie Ihrem Pony hinterherlaufen. Das ermüdet nicht nur, sondern hat eine abstumpfende Wirkung. Ein gut abgepasster Überraschungsmoment mit der Peitsche ist um ein Vielfaches effektiver als ständiges Treiben. Im weiteren Verlauf der Ausbildung kommen akustische Signale hinzu.

Richtungswechsel sollten nach innen ausgeführt werden. Wechseln Sie das Seil respektive die Gerte in die andere Hand. Dass sich Ihr Pony auf Ihre

Ohne Strick ist eine eindeutige Körpersprache besonders wichtig, damit sich Ihr Pony synchron zu Ihnen bewegt. Setzen Sie die Schulterdrehung ein: Beim Abwenden zu Ihnen hin drehen Sie die dem Pony zugewandte Schulter deutlich nach vorn. Zum Abwenden von Ihnen weg bewegen Sie die äußere, dem Pony abgewandte Schulter nach vorn und weisen gegebenenfalls zusätzlich mit der äußeren Hand in die gewünschte Bewegungsrichtung.

Einladung hin zu Ihnen umdreht, erreichen Sie auch, indem Sie sich zunächst in Richtung seiner Hinterhand bewegen. Das veranlasst das Pony, den Kopf nach innen zu wenden, um Sie weiterhin im Blick haben zu können. Dann gehen Sie rückwärts und locken das Pony (an einem imaginären Seil) zu sich. Nehmen Sie eine wenig dominante Körperhaltung ein, indem Sie sich etwas nach unten neigen und den Blick senken. Folgt es Ihrer Einladung, loben Sie es ausgiebig und lassen es einen Moment ausruhen bei Ihnen in der Mitte.

Haben Sie bei fortschreitendem Training ein Stimmkommando eingeführt oder dasjenige aus dem Grundlagentraining (Ponygrundschule) auch hier

Um die Geschwindigkeit zu bremsen, lehnen Sie sich im Oberkörper bewusst zurück und kippen das Becken nach hinten ab. Beschleunigende Wirkung hat dagegen ein nach vorn gelehnter Oberkörper. Zum Anhalten wenden Sie sich Ihrem Pony am besten ganz zu.

verwendet, sollte sich Ihr Pony mit der Zeit in jeder beliebigen Gangart Ihnen zuwenden (siehe Bild Seite 40). Diesen Trainingsschritt brauchen Sie später wieder, um Handwechsel durch den Zirkel oder Volten ins Training einzubauen – Lektionen der Freiarbeit. So kann beispielsweise auch eine Drehung um die Mittel- oder auf der Hinterhand erarbeitet werden.

Die ***Freiarbeit*** findet ebenfalls in einem abgesteckten Rahmen statt. Das kann ein Zirkel oder ein Viereck sein. Das Pony bewegt sich ohne verbindendes Seil mit Ihnen. Die körpersprachlichen Hilfen, die Sie seit der Ponygrundschule anwenden und in der Bodenarbeit gefestigt haben, dienen Ihnen nun dazu, Ihr Pony frei zu manövrieren.

Elemente der Freiarbeit sind denen des Longierens beziehungsweise der Arbeit im Round Pen ähnlich: Das Pony wird auf der Kreisbahn bewegt, Gangart und Richtungswechsel werden ausgeführt, ebenso wie der Appell. Da die Freiarbeit aus der klassischen Reiterei kommt, wird hier eher mit der Gerte oder einer Bogenpeitsche gearbeitet, als mit dem unpräzisen Seil. Denn zudem werden Lektionen eingebaut und auf Distanz abgerufen, die nur mit eindeutigen und immer gleichen Hilfen abgerufen werden können: So beispielsweise das Steigen, das Kompliment, Drehungen, Rückwärtsrichten und die Schaukel, eventuell auch Schenkelweichen. Diese Lektionen finden Sie an entsprechender Stelle im Buch (bei den Zirkuslektionen, dem Targettraining und der Arbeit am Langen Zügel bzw. an der Hand). In der Freiarbeit kommen Sie erst zum Einsatz, wenn Sie an der Hand bereits sicher sitzen. Denn nun werden die Hilfen soweit verfeinert, dass Ihr Pony die Lektionen auf wenige, feine Signale hin – und zur Krönung Ihrer Arbeit allein auf Stimmkommando – zeigt.

Horse-Agility

Immer beliebter und inzwischen in Deutschland angekommen ist das sogenannte Horse-Agility. Dies ist eine Kombination aus Elementen der Bodenarbeit und Kommunikationsprinzipien der Freiheitsdressur. Als Hindernisse dienen Holzbrücken, Stangen, Pylonen, Podeste, Planen, Wassergräben, Reifen – also all die Gegenstände, die Sie schon in die Bodenarbeit einbezogen haben. Das Pony soll sich dabei frei auf dem Platz bewegen und die Hindernisse im Laufe des Trainings immer selbstständiger, zum Schluss auf ein einfaches Handzeichen des Trainers hin überwinden. Wichtigste Voraussetzungen dafür sind das Kommen auf

Im Roun Pen kann sich das Pferd nicht entziehen.

Zuruf, das Folgen der jeweils gewünschten Hand, Anhalten auf feine körpersprachliche Signale hin und das Synchronlaufen mit dem Trainer. Als Hilfsmittel ist vor allem am Anfang eine Gerte erforderlich.

Den Appell haben Sie bereits in der Ponygrundschule erarbeitet und eventuell durch das Klickertraining gefestigt. Ihr Pony kommt also gern zu Ihnen, wenn Sie es rufen. Nun soll es Ihnen folgen, wozu Sie es am Anfang mit der Gerte zusätzlich auffordern können oder sich am Vorgehen wie beim Targettraining orientieren (siehe nächstes Kapitel). Um Ihr Pony anzuregen, auf einer bestimmten Seite zu gehen, genügt meist ein Fingerschnipsen mit der entsprechenden (Führ-)Hand. Das können Sie zunächst gesondert üben und entsprechend positiv verstärken. Es soll der gewünschten Hand folgen und neben Ihnen gehend die Hindernisse nehmen. Mit zunehmender Übung werden Tempo und Selbstständigkeit im Parcours weiter erhöht. Am Anfang begehen Sie jedoch alles im Schritt und erarbeiten jedes Hindernis einzeln.

3.3. Targettraining

Das sogenannte Targettraining ist eigentlich ein Einzelelement des Klickertrainings. Der Begriff Target kommt aus dem Englischen und bedeutet Ziel. Das Pony lernt dabei, auf ein Stimmkommando hin mit einem ausgewählten Körperteil (beispielsweise die Pferdenase) ein bestimmtes Ziel (ein Gegenstand oder Ihre Hand) zu berühren. Dafür wird es mit einem Klick oder Lobwort und Leckerli belohnt. Es wird ohne jeden Druck gearbeitet.

An welchen Orten?

Klickern und trainieren können Sie immer und überall. Um frei mit dem Pony arbeiten zu können, bietet sich ein abgezäuntes Terrain an.

Mit welcher Ausrüstung?

Wichtiger als der Trainingsort ist die richtige Ausrüstung. Was Sie definitiv in ausreichender Menge brauchen, sind Leckerlis. Da Sie vor allem beim Erarbeiten neuer Übungen viele davon benötigen, rate ich dazu, solche Leckereien auszuwählen, die keine zusätzliche Energie zum Hauptfutter liefern. Das können zum Beispiel klein geschnittene Karotten und Äpfel (die sollten Sie allerdings hinterher nicht in Ihrem Leckerlibeutel vergessen, da sie

Zuwendung auf Kommando.

dort schimmeln), Brotwürfel oder handelsübliche Leckerlis ohne zugesetzte Mineralstoffe sein. Eingeschworene Klickertrainer empfehlen, verschiedene Leckerlis zu verwenden, um geschmackliche Abstufungen bei verschieden schwierigen Leistungen machen zu können.

Diese vielen Leckereien verstauen Sie am besten in einem Leckerlibeutel oder einer Bauchtasche. So haben Sie alles immer griffbereit.
Wenn Sie, was ich vor allem am Anfang empfehle, einen Klicker benutzen möchten, kaufen Sie am besten gleich zwei oder drei derselben Sorte. Diese klingen gleich und erfahrungsgemäß geht immer mal einer verloren oder kaputt. Später können Sie den Klicker zum Beispiel durch Zungenschnalzen ersetzen. Wichtig ist, dass es ein in jeder Situation wiedererkennbares »Lobgeräusch« gibt. Im Training bietet sich ein Klicker immer dann an, wenn es wichtig ist, punktgenau zu loben, zum Beispiel bei komplexen Bewegungsabläufen.
Was noch? Viele verschiedene Gegenstände, die geschubst, bewegt, untersucht oder betreten werden können, sollten bereitliegen.

Mit welchen Voraussetzungen?

Die nötigen Voraussetzungen haben Sie gelegt, wenn Sie Ihrem Pony bereits die Anstandsregeln des Futterlobs gelehrt haben (siehe Ponygrundschule).

Welches ist das Grundprinzip?

Das Pony bewegt ein von Ihnen angesprochenes Körperteil (den Huf, die Hinterhand, die Schulter oder die Nase) auf einen vor ihm befindlichen oder weiter entfernten Gegenstand oder Ihre Hand zu und berührt diesen gegebenenfalls. Welches Körperteil gemeint ist, erkennt das Pony an der erlernten Bezeichnung, mit der dieses im vorausgehenden Training belegt wurde.

Ponys, die verstanden haben, worum es beim Klicker- beziehungsweise Targettraining geht, sind regelmäßig begeistert, werden kreativ und erfinderisch, arbeiten motiviert mit und lernen schnell. Das liegt u.a. daran, dass es keinen Misserfolg und keine Strafe beim Klickertraining gibt, sondern jede Menge Lob, Spaß und Leckerlis. Haflinger Sheitan beim »Lächeln«.

Ihr Pony experimentiert, glaubt verstanden zu haben, verstärkt das vermeintlich belobigte Verhalten, wird wieder verunsichert durch Ihr Lobverhalten, probiert Neues und so weiter.
Für Sie gilt als der wichtigste Trainingsgrundsatz das richtige Timing: Geklickt, also gelobt, wird immer in genau dem Moment, in dem das Pony sich richtig (wunschgemäß) verhält. Anschließend gibt es ein Futterlob. Das heißt, Sie müssen die Sekunde abpassen, BEVOR es sich möglicherweise nicht mehr ganz wie gewünscht verhält.

Wie gehe ich vor?

In mehreren Schritten erarbeiten Sie nun die Grundprinzipien und einige basale Kommandos mit

Ihrem Pony, auf die Sie dann jeweils zu verschiedenen Übungszwecken zurückgreifen.
Trainiert wird stets in kleinsten Schritten. Diese können manchmal so minimal ausfallen, dass Sie sehr viel Geduld brauchen, um Sie dennoch IMMER zu honorieren. Gelingen fünf von fünf Versuchen, geht es weiter zum nächsten (ganz kleinen) Erarbeitungsschritt.
Üben Sie nicht länger als fünf bis zehn Minuten an einer Sache und machen Sie dann eine Pause – zum Nachdenken, Verarbeiten und Entspannen. In einer Trainingseinheit können Sie zwar an bis zu zehn verschiedenen Übungen arbeiten, davon sollte jedoch höchstens eine ganz neu und höchstens zwei in einer sehr frühen Erarbeitungsphase sein. Sonst kann es zu Verwechslungen und enttäuschter (Über-)Motivation kommen.
In der ersten Lernphase, muss das Pony zunächst lernen, was der Klicker überhaupt zu bedeuten hat. Sie können das separat üben oder gleich mit einer sinnvollen Übung verknüpfen. Das wäre zum Beispiel das schon aus der Ponygrundschule bekannte Höflichkeitstraining bei Futterlob (siehe Übung »Füttern aus der Hand«) oder das Berühren eines Targets mit der Nase.
Im zweiten Fall gehen Sie gleich zur ersten Grundübung des Targettrainings über: dem sogenannten Nasentarget. Es bietet sich deshalb an, weil es für neugierige Ponys recht leicht zu erlernen ist und sich so sehr vom gewohnten Training unterscheidet, dass es nicht verwechselt werden kann. Ich empfehle an dieser Stelle, ein Hilfstarget einzuführen (ein bestimmter Handschuh, den Sie nur beim Targettraining tragen oder ein Stöckchen mit einem interessanten Zielobjekt daran). Halten Sie das Target so, dass es Ihr Pony mit der Nase »versehentlich« berührt, wenn es den Kopf zu Ihnen dreht. In diesem Moment ertönt dann Ihrerseits der Klickerton und es folgt das Leckerli. Wenn Sie mit der in einen speziellen Trainingshandschuh gehüllten Hand arbeiten, warten Sie, bis Ihr Pony beginnt, Ihre zu ihm ausgestreckte Hand mit den Lippen zu untersuchen. Dann öffnen Sie die Handfläche und Ihr Pony bekommt nach einem Klick das darin befindliche Leckerli.

Auch weiter entfernte Ziele (Targets) können ausgewählt werden, wenn das Pony ein Kommando hierfür erlernt hat. Max schubst die Tonne an und kehrt dann zu mir zurück, um sich sein Leckerli dafür abzuholen.

Mit der Zeit erschweren Sie den Vorgang, halten das Hilfstarget immer weiter weg und verlangen schließlich, dass sich Ihr Pony in Bewegung setzt, um es zu erreichen. Wichtig ist das Erfolgsmoment: Verlangen Sie immer nur so viel, dass es Ihr Pony auf jeden Fall meistern kann und Sie es belohnen können. Klappen von fünf Versuchen dauerhaft nur zwei oder drei, ist das Schwierigkeitsniveau noch zu hoch. Halten Sie das Target näher ans Pony.
Zuletzt bringen Sie Ihrem Schüler noch ein passendes Stimmkommando für diese Art Targettraining bei. Gelernt hat es, mit der Nase einen von Ihnen bestimmten Gegenstand (das Hilfstarget) zu berühren. Das Stimmsignal dafür könnte also »Nase« lau-

ten. Halten Sie das Hilfstarget hin und sagen Sie in dem Moment, in dem das Pony mit seiner Nase bereits auf dem Weg zum Target ist (nicht früher, sonst kann es die Verknüpfung mit diesem erwünschten Verhalten nicht herstellen), das Kommando »Nase«. Es bedarf vieler Wiederholungen und verschiedener Übungssituationen, in denen Sie das Kommando anwenden, bis es verinnerlicht ist.
Um Ihr Pony hinsichtlich der Ausführung einer Lektion bei der Stange zu halten, sollten Sie mit zunehmendem Lernfortschritt von einem festen zu einem variablen Belohnungssystem übergehen. Das bedeutet, dass es bei einer bekannten und gefestigten Übung nur noch dann ein Leckerli gibt, wenn diese besonders gut oder schnell ausgeführt wurde, oder wenn sie einen höheren Schwierigkeitsgrad erreicht hat.

Übungsideen

Übungen mit dem Nasentarget

Zu den Klassikern des Targettrainings gehören Übungen, bei denen das Pony mit seiner Nase einen Gegenstand berührt und selbstständig damit arbeitet. Sehr gut geeignet für den Einstieg sind Pylonen. Gehen Sie vor, wie oben beschrieben. Hat Ihr Pony sicher verstanden, dass es immer dann eine Belohnung erhält, wenn es den Kegel berührt, verbessern Sie das gezeigte Verhalten. Ihr Pony soll den Plastikkegel auch dann berühren, wenn er am Boden steht. Dann können Sie sich das nächste Element der Verfeinerung heraussuchen und dieses positiv verstärken. Das Pony soll den Kegel ja irgendwann mal umschmeißen, also loben Sie nun immer dann, wenn Ihr Pony besonders intensiv stupst oder mit dem Kegel arbeitet. Irgendwann wird der Kegel ins Schwanken geraten und auch umfallen. Dann ist es Zeit für einen Jackpot – ein besonders dickes Lob. Ab jetzt wird nur noch geklickt, wenn der Kegel umfällt! Sie können sich nun verschiedene Kriterien heraussuchen, die Sie verstärken möchten: Zum Beispiel möchten Sie, dass es den Kegel an einem bestimmten Punkt berührt oder ihn besonders schnell umwirft. Zuletzt kann noch ein Stimmkommando für das Umwerfen des Hütchens eingeführt werden.
Nach dem gleichen Prinzip erarbeiten Sie auch Spiele mit dem Ball. Je nach Größe erfordert er verschiedene Techniken seitens des Ponys, um ihn zu bewegen. Außerdem muss das Pony für dieses Spiel die Nase tief halten (auch in der Bewegung) und gymnastiziert sich spielerisch selbst, indem es den langen Rückenmuskel dehnt.

Übungen mit dem Huftarget

Das Huftarget liegt im Sichtbereich des Ponys und bietet sich daher als nächste Übung an.
Dabei können Sie ganz ohne Hilfsmittel arbeiten oder eine Gerte hinzuziehen. Im ersten Fall arbeiten Sie ausschließlich mit positiver Verstärkung dessen, was Ihr Pony von selbst anbietet und herausfindet.

Gymnastische Übungen mit Targets: Gerte oder Hand an die Flanke des Ponys halten, die es mit der Nase berühren soll.

3 Grundregeln für das Targettraining

- ***1. Es wird ausschließlich mit positiver Verstärkung (Lob) gearbeitet und das Pony somit animiert, möglichst selbstständig zu arbeiten, zu experimentieren und kreativ zu werden.***
- ***2. Sie gehen in sehr kleinen Schritten vor, so dass jederzeit Erfolgserlebnisse ermöglicht werden. Klappen fünf von fünf Versuchen hintereinander, ist es Zeit, zu einem nächsten Schritt respektive höheren Schwierigkeitsgrad überzugehen.***
- ***3. Wenn eine Lektion verbessert werden soll, konzentrieren Sie sich ausschließlich auf ein Einzelelement dieses Bewegungsablaufs (Geschwindigkeit, Haltung, Berührung eines ganz bestimmten Punktes ...). Wird die Ausführung so im Laufe des Trainings verfeinert, ist es nicht mehr erforderlich, dass die vorhergehenden Schritte mit absoluter Präzision ausgeführt werden.***

Legen Sie Ihrem Pony eine stabile, am besten abgeflachte, vor allem aber nicht zu schmale Stange vor die Füße. Sie können sie etwas im Sand eingraben, damit sie nicht wegrollt. Nun ist Ihr Pony wieder dran zu testen. Setzt es seine Vorderbeine ein, klicken Sie. Achten Sie darauf, dass das Pony nicht scharrt. Unterbinden Sie das Scharren, indem Sie es ignorieren.
Ist Ihr Pony soweit, sich mit seinem Gewicht auf die Stange zu stellen, kommt das zweite Bein hinzu. Dann können Sie es auch mit Hilfe des Nasentargets dazu anregen, auf der Stange zu balancieren.

Pony-Spaß mit dem Hula-Hoop-Reifen.

Gymnastikreifen überwerfen

Viele lustige Tricks lassen sich verklickern. So das Überwerfen eines Gymnastikreifens.
Denn darum geht es: Beim Experimentieren mit dem am Boden liegenden oder, für die Neueinführung dieses Gegenstandes, hochgehobenen Reifen wird das Pony alle Register ziehen. Nimmt das Pony den Reifen ins Maul, ist der Schritt zum Hochheben und später Herumschleudern nicht mehr groß. Dank differenziertem Lob, wird er dann zufällig mal so hoch geschleudert, dass er über den Hals fällt.
Schaffen Sie dazu ein solides Exemplar an. Billige Hula-Hoop-Reifen kapitulieren, wenn sich Ihr Pony darauf stellt oder hineinbeißt. Damit es hineinbeißen kann, empfiehlt es sich, den Reifen in der Hand zu halten oder mit dem Fuß vom Boden anzuheben.

3.4. Longieren

Hinter der Arbeit auf dem Zirkel steckt mehr als bloßes Herumtreiben seines Vierbeiners, bis dieser sich

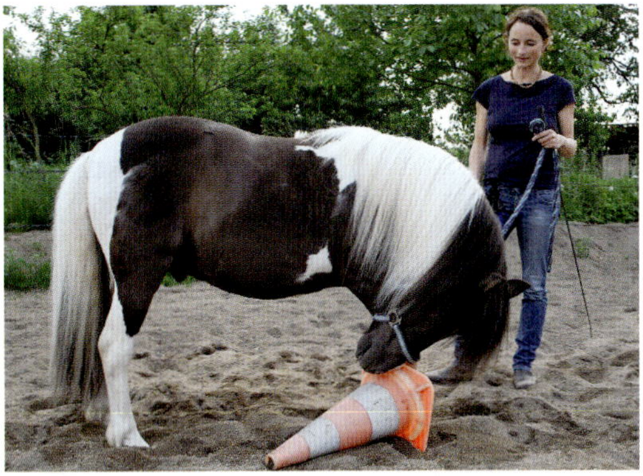

oben: Die Hütchen können umgeschubst und – was schon eine sehr viel größere Denkleistung erfordert – wieder aufgestellt werden.

unten: Mit dem Nasentarget können Sie das Pony dazu bringen, auf dem Balken zu balancieren.

oben: Oder bringen Sie Ihrem Pony bei, Ihnen auf »Hatschi« höflich ein Taschentuch zu reichen und zur Verabschiedung mit einem Tuch zu winken.

unten: Ponys, die nicht so oft flehmen, dass man dieses Verhalten konditionieren könnte, kann mit einem an die Oberlippe gehaltenen Leckerli das Lächeln beigebracht werden.

endlich ausgetobt hat. Gerade beim Longieren haben Ponys viel Zeit, sich Faxen auszudenken und der Longenführer hat alle Hände voll zu tun bei dieser so simpel wirkenden Arbeit. Versuchen Sie das Longieren zu einem sinnvollen Bestandteil des Trainings zu machen, ohne Ihr Pony (körperlich) zu über- oder (geistig) zu unterfordern. Dann tut es Ihrem Pony richtig gut.

An welchen Orten?

Ein braves und gut ausgebildetes Pony, kann überall dort longiert werden, wo es der Boden zulässt. Am Anfang gehen Sie aber lieber auf einen Sandplatz, der eine – zur Not provisorische – Begrenzung bietet. Das ist vor allem unter Sicherheitsaspekten sinnvoll, aber auch, um dem Pony Orientierung zu bieten. Der Platz sollte möglichst begradigt sein,

Um einem Pony beizubringen, den Kopf zu schütteln, fangen Sie dieses Verhalten mit dem Klicker ein, sobald Ihr Pony es zeigt – zum Beispiel, weil Sie es etwas am Ohr kitzeln. Später wird ein Stimmkommando eingeführt.

Inzwischen gibt es via Internet Anbieter, bei denen man hübsche und funktionale Kappzäume in allen Größen, auch den allerkleinsten, für einen guten Preis anfertigen lassen kann. (www.pony-zubehoer.de)

mindestens aber darf er keine tiefen Löcher, Stolpersteine oder sonstige Unfallrisiken bergen.
Ideal ist ein abgesteckter Longierzirkel, der für Ponys durchaus kleiner als 18 m (im Durchmesser) sein darf. Manche Ausbilder bevorzugen ein kleines Viereck, weil der Wechsel zwischen Geraderichten und Biegung den gymnastischen Effekt noch erhöhen soll. Probieren Sie selbst aus, mit welcher Form Sie und Ihr Pony besser zurechtkommen, denn gerade beim Viereck kann es passieren, dass Sie Ihr Pony versehentlich in die Ecke treiben.

Mit welcher Ausrüstung?

Die Ausrüstung hängt von Ihren Vorlieben und dem Ausbildungsstand Ihres Ponys ab. Funktionales Longierzubehör sind ein Kappzaum, ein gut sitzendes Halfter oder die Trense.
Der Kappzaum bietet die Möglichkeit, präzise auf die Pferdenase einzuwirken oder Ausbinder in die Longenarbeit einzubeziehen. Dabei wird die Trense unter den Kappzaum gelegt, der Ausbinder in die Trensenringe, die Longe in den Kappzaum eingeschnallt. Mit Hilfe des Kappzaums lernt das Pony über Impulse am Nasenrücken, den Kopf im Genick nach innen zu wenden.
Bei Benutzung einer Trense besteht die Gefahr, dass Sie das Pony lediglich nach innen ziehen, es also im Genick nicht nachgeben und wenden kann, denn ein dauerhaft anstehender innerer Zügel blockiert das innere Hinterbein. Dieses kann somit nicht korrekt unter den Körper gesetzt werden und das Pony bricht zwangsläufig über die Schulter nach außen aus.
Hilfszügel, die wie Dreieckszügel oder Ausbinder Anlehnung bieten und das Pferd einrahmen, sind mit größter Vorsicht in die Longenarbeit einzubeziehen! Für ein ungymnastiziertes und noch unausbalanciertes Pony sind sie ungeeignet. Mit dem Einsatz von Ausbindezügeln, die helfen sollen, den Pferdekopf in einer bestimmten Position zu fixieren

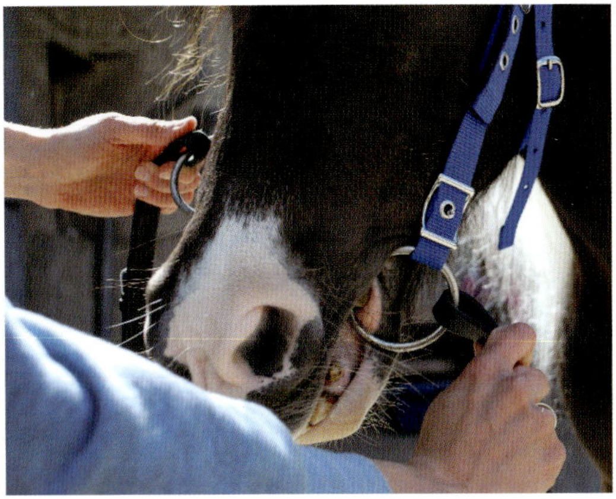

Abkauübung: Der rechte Gebissring wird mit wenig Druck nach hinten oben bewegt, der linke nach vorn unten – und anschließend umgekehrt. Sobald das Pony daraufhin abkaut, geben Sie nach.

Mit der Longe und der Gerte rahmen Sie Ihr Pferd in einer Art Dreieck ein, das je nach Bedarf nach vorn und hinten verschoben werden kann.

und ihm Anlehnung an das Gebiss zu bieten, darf erst begonnen werden, wenn das Pony bereits von selbst die schwungvolle vorwärts-abwärts Bewegung beherrscht, die Hinterhand aktiv einsetzt und sich in der Bewegung selbst trägt. Andernfalls wird es den Ausbinder als Stütze und sogenanntes »fünftes Bein« benutzen und auf die Vorhand fallen. Das wirkt einer Gymnastizierung und Stärkung entgegen, denn der Schub aus der Hinterhand verpufft ungenutzt, der Brustkorb sinkt nach unten. Vor allem in den ersten Wochen also Hände weg!
Sie sollten Ihr Pony genau beobachten, ob derlei Hilfsmittel überhaupt nötig sind, denn viele Ponys suchen, wenn man sie schwungvoll und locker vorwärtsgehen lässt, von sich aus eine entspannte Haltung mit tiefer Nase. Sobald ein Pony den Hals frei bewegen und locker an der Longe in Dehnungshaltung gehen kann, finden sie meiner Erfahrung nach dank stellender Impulse oft von selbst – und ohne »formgebende« Ausbinder – in eine balancierte, schonende Haltung. Geben Sie Ihrem Pony die Zeit, die es braucht. Unterstützen können Sie es bei der Suche nach einer gesunden Haltung lieber mit Cavalettiarbeit. Zusätzlich können Sie lösende Übungen begleitend zum Longieren anwenden: Durch Biegeübungen für das Genick und Abkauübungen zur Auslösung des Kaureflexes können Sie helfen, dass es sich im Genick löst.
Benutzen Sie für die Arbeit mit Ponys auf jeden Fall eine Peitsche! Damit Ihr Arm nicht nach kurzer Zeit ermüdet, sollten Sie hier lieber mehr investieren. Kaufen Sie keine lange, schwere Ausführung, die schwer zu händeln ist. Suchen Sie nach einer leichten, gut ausbalancierten Peitsche mit langem Schlag, um das Pony notfalls damit erreichen und Ihrer Stimmhilfe Nachdruck verleihen zu können. Hinter dem Pony herlaufen zu müssen, untergräbt Ihre Autorität und macht die Longenarbeit für Sie zu einer ermüdenden Angelegenheit. Ein Führseil, mit dem Sie als treibende Hilfe auf Ihren Oberschenkel

klopfen, ist bei vielen Horsemen beliebt, interessiert die meisten Ponys jedoch wenig.

Mit welchen Voraussetzungen?

Ihrem Pony hat zumindest im Führtraining gelernt auf »Whoa!« (oder »Steh!« etc.) anzuhalten und auf Ihr Signal hin loszugehen. Auch das Antraben sollten Sie nicht scheuen, an der Hand zu üben. Außerdem kennt es aus der Ponygrundschule diejenigen Hilfen, die Sie verwenden, um es von sich wegzuschicken.

Ihr Pony muss die Peitsche respektieren, darf sie aber nicht fürchten. Es kennt Sie bereits aus der Bodenarbeit und hat keine schlechten Erfahrungen damit gemacht. Sie als Longenführer müssen diszipliniert mit Longe und Peitsche arbeiten können, ohne das Pferd zu stören. Bewahren Sie Ruhe und legen Sie so viel Aufmerksamkeit an den Tag, wie Sie es von Ihrem Zögling erwarten!

Welches ist das Grundprinzip?

Das Pony bewegt sich auf der Kreisbahn um den Ausbilder herum, reagiert dabei auf Paraden aus der Hand sowie verhaltende und treibende Peitschen- und Stimmhilfen. Die Position des Longenführers beeinflusst Tempo und Gangart.

Wie gehe ich vor?

Bevor Sie mit der eigentlichen Longenarbeit beginnen, machen Sie Ihr Pony locker. Ein kurzer Spaziergang oder eine Übung aus der Bodenarbeit helfen, das Pony zu lösen, bevor es auf die Kreisbahn geht. Lassen Sie Ihr Pony an der Hand seitwärts übertreten. Durch das aktivierende Kreuzen der Hinterbeine schult es sein Körpergefühl und die Bewegung auf dem Kreis wird bereits antizipiert.
Wenn Ihr Pony die Arbeit an der Longe noch nicht kennt, führen Sie es zunächst auf der Kreisbahn (hier unbedingt mit abgestecktem Longierzirkel arbeiten!) entlang. Geht das Pony ruhig, entfernen Sie sich nach hinten seitwärts zur Zirkelmitte hin. Dabei müssen Sie natürlich verhindern, dass sich Ihr Pony mit Ihnen in Richtung Mitte bewegt. Benutzen Sie hierzu Ihre Peitsche in Schulterhöhe des Ponys. Es weiß aus der Ponygrundschule, dass dieses Signal »Abstand halten!« bedeutet. Sie können mit der Longe schwingen, um es auf Abstand zu halten, oder einen Helfer bitten, das Pferd zunächst zu führen. Dieser lässt sich dann ebenfalls langsam zurückfallen, bevor er den Zirkel wieder verlässt.

Wenn Sie nun weit genug entfernt sind, treiben Sie Ihr Pony vorsichtig weiter an. Ihre Körpersprache ist hierbei wichtig. Das bedeutet für Sie als Ausbilder und Ihr Hilfsmittel die Peitsche: Hinter dem Pferd (auf Höhe der Kruppe) mit erhobener Peitsche sind Sie in der treibenden Position; auf Höhe der Sattellage mit tief gehaltener Peitsche ist Ihre Hilfengebung verwahrend, im Schulterbereich verhaltend. Erinnern Sie sich an die Regeln der Pferdeherde: Der Herdenchef bittet nicht zweimal und eine Nichtbeachtung seiner »Anweisungen« hat Konsequenzen. Reden Sie also nicht ununterbrochen auf Ihr Pferdchen ein, sondern geben Sie Ihre Hilfe einmal deutlich. Reagiert es dann noch nicht, helfen Sie ruhig aber bestimmt mit der Peitsche nach, wobei es auch einen Klaps auf die Kruppe bekommen darf, wenn es sich auf Ihr Kommando hin weigert anzutraben. Das gilt natürlich nur, wenn auszuschließen ist, dass das Pferd Sie nicht verstanden hat oder aus körperlicher Unfähigkeit nicht Ihren Wünschen entsprechen kann. Auf diese Weise lernt Ihr Pony, das Angebot der zunächst feinen Hilfe anzunehmen, denn es kapiert schnell, dass andernfalls die energische Variante folgt. So halten Sie Ihr Pony aufmerksam, fleißig und fein, verhindern aber, dass es Angst vor Ihren Hilfen und Korrekturen bekommt. Diese

Longenarbeit: Tritt das Pony mit dem inneren Hinterbein unter seinen Schwerpunkt, so wölbt es seinen Rücken auf. Der lange Rückenmuskel schwingt, das Pony kann sich ausbalanciert mit der äußeren Schulter um den Drehpunkt bewegen und sich so biegen. Nur ein nachgebender innerer Zügel kann diese Gymnastizierung ermöglichen.

entspannte Frische erhalten Sie nur durch eindeutige, kurze und knackige Kommandos.

So lehren Sie Ihrem Pferd auch die Gangarten, wenn es die Befehle dazu noch nicht kennt. Geben Sie ein unmissverständliches Signal (energisches Treiben hinter dem Pony oder zum Angaloppieren einen kurzen, gezielten Klaps mit der Peitsche), um die gewünschte Reaktion (Gangarterhöhung) zu veranlassen. Geben Sie kurz vorher (fast gleichzeitig) das Stimmkommando Ihrer Wahl, das immer gleich sein muss! Und loben Sie Ihr Pony ausgiebig, wenn es richtig reagiert hat. Dann sollte sofort wieder eine entspannte Atmosphäre herrschen.

Gleiches gilt für die Hilfen zum Durchparieren. Hält Ihr Pferd nicht auf Ihr Kommando hin an, treten Sie ihm energisch ins Blickfeld. Verlassen Sie aber nur im äußersten Notfall Ihre Position im Mittelpunkt des Zirkels, um Ihr Pony zu korrigieren.

3 Grundregeln für die Longenarbeit

- ***1. Psychisch und physisch ermüdendes Kreisbahnenziehen an der Longe ist tabu! Angebliche Unlust, Sturheit und »Büffeligkeit« sind kein Ponyproblem, sondern ein Ausbildungsproblem. Erarbeiten Sie sich Motivation, Freude und Fleiß Ihres Ponys durch ein abwechslungsreiches Übungsprogramm, eine konzentrierte, aber freudig-positive Arbeitsatmosphäre und das stete Angebot feiner Hilfengebung. Wird Letzteres nicht angenommen, fordern Sie prompte Reaktionen Ihres Ponys konsequent und nachdrücklich ein.***
- ***2. In der Kürze liegt die Würze: Longenarbeit muss kurz und intensiv gestaltet werden für Ponys. Zu langes Kreiseln fördert den körperlichen Verschleiß vor allem der Gelenke. Ferner leiden Konzentration und Motivation unter zeitlich ausgedehnter Longenarbeit.***
- ***3. Effektives Workout an der Longe erreichen Sie durch den Einsatz von Stangen, Cavaletti, kräftigende Übungen wie die Schaukel und flüssig-schwungvolles Vorwärts-abwärts-Gehen. Ausbinder können dies bei unsachgemäßer Anwendung hemmen. Ihr Einsatz sollte sorgfältig auf das Trainingsziel hin geprüft werden.***

Um den Ponykopf nach innen, also in die Zirkelmitte zu stellen, geben Sie Impulse mit der Longe. Ziehen Sie dabei nicht stetig, sondern bauen Sie immer wieder Druck auf und geben Sie bei der geringsten nachgebenden Reaktion sofort sanft nach. Am Anfang fallen die Paraden deutlicher aus, später nimmt ihre Intensität ab. Gleichzeitig wird die Peitsche an der Mittelhand eingesetzt, um diese nach außen zu leiten. Sie wirkt hier wie der nach außen treibende Schenkel beim Reiten, um den sich ein Reitpferd in der Wendung biegen soll. Durch diese Einwirkung soll die äußere Körperseite gedehnt werden, was mit zunehmender Nachgiebigkeit und Geschmeidigkeit zu Entspannung und dem Senken des Kopfes führt.

Ihre Körpersprache können und sollten Sie hier bewusst unterstützend einsetzen. Bewegen Sie sich in Richtung Hinterhand. Ihr Pony wendet sich daraufhin mit dem Kopf nach innen, um Sie weiterhin sehen zu können. Reagiert es nicht in dieser Weise, dann nutzen Sie auffordernd die Longe wie oben beschrieben und bewegen sich deutlich defensiv: bewegen Sie sich etwas gebeugt rückwärts, um das Pony zu locken. Ihr Pony wird bald lernen, sich Ihnen zuzuwenden und sich in einem kleineren Kreis – einer Volte – um Sie herumzubewegen. Diese kleineren Volten auf dem Zirkel sind ein Element der Freiarbeit, bei der das Pferd lernt, von der ganzen Bahn in die Volte zu wechseln. Dabei wird dann eine Stimmhilfe eingeführt. Auf diese hin soll sich das Pony Ihnen zuwenden. Sie bestimmen den Abstand, in dem es sich um Sie herum bewegt. So werden beispielsweise Wechsel zwischen ganzer Bahn, Zirkel und Volte möglich, die die Longenarbeit bereichern und die Muskulatur Ihres Ponys lockern.

Gerade bei Ponys ist es ganz wichtig, den Schwung und letztlich den Spaß an der Arbeit zu erhalten. Lassen Sie es möglichst viele Übergänge gehen und wechseln Sie nicht nur ein Mal pro Training die Hand.

Für eher faule und stoische Ponys, die so gar keine Lust auf Longenarbeit zu haben scheinen, empfehle ich, sie zunächst und immer am Anfang auf einem

Handwechsel: Sie bewegen sich rückwärts auf einer Art Acht. Ist Ihr Pony geradegerichtet, treiben Sie es auf der neuen Hand wieder hinaus auf den Zirkel.

recht kleinen Zirkel zu longieren. So haben Sie die größtmögliche Einwirkungsmöglichkeit, ohne Ihrem Pony hinterherlaufen zu müssen. Sie selbst sollten sich so wenig wie möglich bewegen, um sich Respekt zu verschaffen. Der geringe Abstand zu Ihnen verhindert, dass Ihr Pony immer wieder Wege suchen kann, sich Ihren Hilfen zu entziehen. Mit fortschreitendem Training kann der Zirkel dann wieder vergrößert werden. Greifen Sie immer dann auf den kleinen Longierzirkel zurück, wenn Sie das Gefühl haben, Ihr Pony reagiert nicht mehr prompt genug auf Ihre Hilfen und versucht zu schummeln. Zu Beginn einer Longeneinheit sollten Sie bei eher büffeligen Ponys ohnehin stets energischer agieren und absolut konsequent in Ihrer Hilfengebung sein. Im Verlauf der Arbeit kehrt dann mehr und mehr Ruhe ein. Achten Sie bei sich und Ihrem Pony auf konzentrierte Zusammenarbeit!

Es ist Geschmacksache, wie sehr man sein Pony auf Stimmhilfen trainieren möchte. Bei manchen schlauen Ponys sollten Sie lieber auf die Sensibilisierung der körpersprachlichen und Peitschenhilfen hinarbeiten, denn sie neigen dazu, in der Weltgeschichte umher zu schauen und Ihnen nur gerade das Ohr zu leihen, um Ihre Stimmhilfe nicht zu verpassen.

Am Anfang bleiben Sie bitte auf keinen Fall fest in der Zirkelmitte stehen, sondern folgen Ihrem Pony. Ziehen Sie es stetig auf einen festen, engen Kreis, werden Fessel-, Kron- und Hufgelenke zu stark belastet. Auch wenn Ihr Pony vielleicht anfangs stark nach außen hin wegzieht, geben Sie lieber ein Stück nach, indem Sie ihm auf den vergrößerten Zirkel folgen. Durch diese Bewegung werden nicht nur die Gelenke und Halsmuskulatur geschont, sondern das Pony ist auch gezwungen, sich wieder neu ausbalancieren. Ihm fehlt nun die Stütze, die es hatte, als es sich in die Longe geworfen hat.

Arbeiten Sie an der Longe nicht länger als 15 bis maximal 20 Minuten. Vergessen Sie nicht, beide Hände immer gleichmäßig zu arbeiten. Bleiben Sie stets ruhig – wenn Ihr Pony stürmt, bremsen Sie es mit Peitsche und Körpereinsatz aus; wenn es faul wird, frischen Sie es mit einer neuen Übung auf; aber werden Sie nicht laut oder ungehalten. So untergraben Sie nämlich ganz nebenbei Ihre Autorität. Halten Sie Ihr Pony auf Zack! Und schaffen Sie eine konzentrierte Arbeitsatmosphäre ohne Hektik!

Übungsideen

Appell und Handwechsel

Die Übung »Appell« ist eigentlich Bestandteil der freien Arbeit in der Manege, also der sogenannten Freiheitsdressur. Doch auch zur Auflockerung der Arbeit an der Longe eignet er sich gut. Unaufgefordert darf kein Pony in die Zirkelmitte gerannt kommen!

Wie der Name schon zeigt, kommt das Pony auf ein festgelegtes Körper- und/oder Stimmsignal hin in die Zirkelmitte und zum Longenführer. Das Erlernen dieser Übung erfolgt zunächst im Schritt. Hier müssen Sie auch daran arbeiten, die Longe rasch, aber nicht hektisch aufzunehmen und so zu verkürzen. Später kann man die Lektion aber in allen Gangarten abrufen.

Um die Übung zu verdeutlichen, werden Sie anfangs noch die Longe zu Hilfe nehmen müssen. Zupfen Sie so stark wie nötig an der Longe, um das Pony in die Mitte des Zirkels zu dirigieren. Dazu geben Sie, wenn das Pony auf dem Weg zu Ihnen ist, das von Ihnen gewählte Stimmkommando, wie zum Beispiel »Hier«. Kommt es nur zögerlich, gehen Sie einige Schritte rückwärts, um ihm die gewünschte Richtung der Bewegung verständlich zu

Geht alles gut im Schritt, rücken Sie die Stangen einige Zentimeter auseinander und üben Sie im Trab, später im Galopp weiter.

Noch mehr Abwechslung, Kraft- und Koordinationstraining erreichen Sie, indem Sie Cavaletti und Sprünge in das Longentraining integrieren.

machen. Ist es bei Ihnen angekommen, wird es ausgiebig belohnt und darf einige Augenblicke bei Ihnen ausruhen.

Einen Handwechsel leiten Sie ähnlich ein wie den Appell. Dazu kommt später noch ein Stimmkommando wie beispielsweise »Kehrt!«. Am besten leiten Sie den Handwechsel an der kurzen Seite des Viereckes ein, damit Ihnen genügen Platz zur Verfügung steht.

Fordern Sie Ihr Pony auf, zu Ihnen in die Mitte zu kommen. Gehen Sie dabei ein paar Schritte rückwärts. Ist Ihr Pony auf dem Weg zu Ihnen, lassen Sie es Ihnen einige Schritte folgen und wechseln Sie dann die Peitsche in die andere Hand. Stimmkommando nicht vergessen! Und fleißig loben.

Stangenarbeit

Früher oder später sollte die Arbeit an der Longe durch den Einsatz von Stangen und Cavaletti bereichert werden. Hierdurch werden die Augen-Huf-Koordination, das Gleichgewicht, der Takt, der Schwung und die Trittsicherheit jedes Pferdes geschult und verbessert. Nicht zuletzt wird der Aufbau einer gesunden Muskulatur, insbesondere Rücken- und Bauchmuskulatur, erreicht und somit zur allgemeinen Gymnastizierung beigetragen.

Wichtig für die Stangenarbeit ist, den richtigen Abstand der Stangen zu ermitteln, die ermöglicht, dass Ihr Pony sich schwungvoll hinüber bewegen kann, ohne hektisch zu werden. Auch sollte es nicht die Schrittlänge übermäßig verkürzen oder verlängern müssen, denn es wird sich langfristig nur lockern können, wenn der Stangenabstand seinen Kapazitäten angemessen ist und es ein ruhiges, gleichmäßiges Tempo gehen kann.

Für Großpferde gibt es hierzu Richtlinien und Maßvorgaben, die eine gute Hilfestellung sind. Für unser Pony müssen wir dagegen viel experimentieren, um den geeigneten Abstand zu finden. Notieren Sie sich diesen unbedingt für alle weiteren Longenstunden und merken Sie sich die ungefähre Schrittlänge für sich selbst, damit Sie den richtigen Abstand ins Gefühl bekommen. Mit zunehmender Gymnastizierung wird Ihr Pony noch an Raum und Schwung im Gang gewinnen, so dass Sie die Stangen bald weiter voneinander entfernen können.

Wie alle Übungen beginnen Sie im Schritt. Visieren Sie selbst das zu nehmende Hindernis mit Ihrem

Blick an – das hilft auch Ihrem Pony. Gehen Sie im Takt mit und eventuell können Sie durch Schnalzen mit der Zunge nachhelfen (jedes Mal, wenn das Pony die Beine heben muss). Bald wird es diese Orientierung nicht mehr brauchen. Über den Stangen geben Sie die Longe nach. Das Pony soll lernen, möglichst selbstständig mit den Stangen zu arbeiten, sich zu tragen und mitzudenken. Den nötigen Freiraum dafür lassen Sie ihm durch geringstmögliche Beeinflussung.

Später wird es Zeit, kreativer zu werden. Denn gerade bei der Arbeit mit Ponys zählt nicht nur der körperliche, sondern vor allem der geistige Anspruch. Legen Sie zum Beispiel eine Stange an jede der vier Zirkelseiten, oder zwei Stangen hintereinander und auf der gegenüberliegenden Seite des Zirkels drei Stangen. Wichtig ist immer, durch die richtigen und passenden Abstände ein flüssiges Übertreten der Stangen zu ermöglichen. Wenn Sie die Stangen fächerförmig platzieren, ergeben sich unterschiedliche Abstände, die das Training vielseitiger machen. Sie können die Stangen weiter in die Zirkelmitte platzieren, so dass Sie das Pony außen herum longieren können und sie nicht in jeder Runde nutzen müssen.

Ponys entwickeln oft besondere Freude am Springen und können im Verhältnis zu ihrer Körpergröße Erstaunliches vollbringen.

Durch eine hohle Gasse ...

Um das Gleichgewicht zu schulen, eignet sich der Einsatz von Stangengassen. In der Gasse geht es geradegerichtet und ausbalanciert geradeaus. Um die Kurven (eventuell zur nächsten aufgebauten Stangengasse) hingegen geht es gebogen. Sie sehen, ob Ihr Pony diese Lektion bereits ausbalanciert beherrscht, wenn es sowohl auf der Geraden als auch auf der Kreisbahn mit den Hinterhufen in der Spur der Vorderhufe bleibt und sich dabei korrekt biegt. Ein unausbalanciertes Pferd wird versuchen, diese Schwäche auszugleichen, indem es mit dem inneren Hinterhuf (deutlich) weiter in die Zirkelmitte tritt, als es dies mit dem inneren Vorderhuf tut. Es stützt sich damit quasi nach innen ab. Ein Pferd, das noch nicht im Gleichgewicht um die Kurve treten kann, wird den Kopf nach außen gestellt tragen.

Korrigieren Sie diese Schwäche niemals durch Ziehen an der Longe, sondern geben Sie Ihrem Pony die Zeit, die es braucht, um die Biegung von selbst anzubieten! Gleichgewicht lässt sich nicht erzwingen und mit dem Zug nach innen überdehnt sich das Pferd möglicherweise in Hals und Rumpf. Arbeiten Sie mit Impulsen wie eingangs beschrieben.

3.5. Freispringen

Hier wird, wie bei der Stangenarbeit, die Körperbeherrschung und Augen-Bein-Koordination geschult sowie die Muskulatur an Bauch und Hinterhand gestärkt.

An welchen Orten?

Freispringen muss auf einem abgegrenzten Areal mit griffigem Boden stattfinden. Am besten eignen sich ein Reitplatz oder Grasspringplatz, aber auch eine solide eingezäunte Weide. Zu harter Boden be-

Eine geschlossene Gasse verhindert seitliches Ausbrechen.

lastet die Gelenke zu sehr, zu nasser Boden bringt Ponys ins Rutschen. Sie können sich verletzen.
Ein hoher Zaun – je nach Größe des Ponys und Hindernishöhe – und gut sichtbare Hindernisse verhindern, dass Ihr Pony sich über den Zaun hinweg aus dem Staub macht. Gut zu erkennen sind für Pferde Blau- und Gelbtöne.
Dass alle verwendeten Materialien intakt und stabil sein sowie sicher stehen müssen, damit keine Verletzungsgefahr besteht, erklärt sich von selbst.

Mit welcher Ausrüstung?

Aufbauen kann man Hindernisse aus Stangen, kleinen Strohballen und Ähnlichem, worüber Ponys springen können, ohne sich zu verletzen. Eventuell kann man Absperrband benutzen, um eine Art Gasse aufzubauen.
Ferner brauchen Sie eine Peitsche oder Gerte, um das Pony zu dirigieren und anzutreiben.
Am Kopf trägt Ihr Pony am besten ein gut sitzendes Halfter, das nicht verrutscht, oder eine Trense. Auch ein Kappzaum eignet sich. Um die Beine vor kleinen Verletzungen zu schützen, können Gamaschen, Streichkappen und Sprungglocken angezogen werden. Bandagen sind weniger geeignet, da sie im Ernstfall doch mal aufgehen und ein hohes Unfall-

risiko darstellen können. Dass diese Beinschützer Sehnen stabilisieren und Gelenkverletzungen vermeiden können, ist allerdings eine Mär. Immerhin lasten auf dem Pferdebein bei jeder Landung Kräfte von mehreren hundert Kilogramm – zu viel, als dass es durch ein Stück Stoff oder eine Plastikschale stabilisiert werden könnte.

Mit welchen Voraussetzungen?

Das Pony muss die Absperrung des Springplatzes akzeptieren und reagiert (nicht panisch!) auf Ihre treibende Hilfe. Es hat die Gangartenkommandos bereits gelernt.
Außerdem braucht es etwas Fitness Ihrerseits. Nicht jedes Pony ist gewillt, ganz ohne Engagement des Trainers den Parcours zu nehmen. Ihr Pony muss entsprechend fit und gesund sein, damit Sehnen, Muskeln und Gelenke keinen Schaden nehmen.

Welches ist das Grundprinzip?

Ziel ist ein Pony, das frei über die von Ihnen aufgebauten Sprünge springt. Das tut es ohne Sattel, Reiter und ohne Longe. Sie treiben es über die Hindernisse und es taxiert selbstständig.

Springen an der Hand trainiert auch den Menschen.

Wie gehe ich vor?

Als Erstes muss der Platz vorbereitet werden. In der Regel werden die Hindernisse entlang einer langen Seite als Gasse aufgebaut. Stellen Sie die Sprünge so nah wie möglich an den Zaun bzw. die Bande, damit keine Lücke entsteht, durch die Ihr Pony sich durchquetschen könnte. Üblicherweise baut man drei Sprünge je Gasse auf. Natürlich können Sie mit weniger Sprüngen arbeiten.
Mit Baustellenabsperrband oder weiteren Hindernisstangen werden die Sprünge zur Bahnmitte hin geschlossen. So entsteht ein Kanal, durch den das Pony anschließend hindurchläuft. Das verhindert seitliches Ausbrechen.

Organisieren Sie sich für die ersten Male einen Helfer – Sie werden sonst schnell aus der Puste geraten. Der angeheuerte Peitschenführer darf aber genauso wenig wie Sie Ihr Pony über die Hindernisse jagen! Schnell gehen sonst der Spaß am Springen und das Vertrauen in Sie verloren.
Bevor es losgeht müssen die Muskeln Ihres Ponys aufgewärmt und die Gelenke geschmiert werden. Letzteres dauert im Übrigen länger als das Aufwärmen der Muskulatur! Vor dem eigentlichen Springen sollte es mindestens zehn Minuten Schritt gehen und ein paar Runden Trab. Sie können einen kleinen Aufwärmspaziergang machen, bei dem Sie selbst gleich auf Betriebstemperatur kommen, oder Sie können das Pony kurz longieren.
Auf dem Platz machen Sie Ihr Pony sowohl mit den Stangen als auch der Springgasse vertraut. Das sollten Sie auch dann tun, wenn Ihr Pony schon Springerfahrung hat oder das Freispringen sogar kennt. So kann es sich bereits mental auf die Aufgabe einstellen und ist nicht völlig überrascht, plötzlich über die

Stangen gescheucht zu werden. Gehen Sie mit ihm über am Boden liegende Stangen, führen Sie es durch die eventuell mit Flatterband oder Stangen abgesperrte Gasse und springen Sie ein oder zwei kleinere Sprünge mit ihm zusammen. Dann lassen Sie es noch einmal allein durch die Springgasse laufen, mit den Hindernisstangen am Boden. Wir wollen ein Pony, das möglichst entspannt an die Arbeit geht! Nun treiben Sie es energisch, aber nicht hektisch an den Sprung. Zunächst kann Ihr Pony mit Zögern reagieren, dann ist es an Ihnen, nachdrücklich zu sein. Passen Sie auf, hinter dem Pony zu bleiben und es nicht versehentlich auszubremsen, indem Sie zu weit auf Schulterhöhe geraten.

Beginnen Sie zunächst mit wenigen Sprüngen, um Ihrem Pony nicht durch unnötige Erschöpfung den Spaß an der Sache zu nehmen. Drei bis maximal acht Durchgänge in einer Sprunggasse – je nach Kondition – reichen aus. Wenn Sie schon vorher feststellen, dass Ihr Pony müde wird, hören Sie sofort auf. Beim nächsten Mal sollten Sie Ihre Erwartungen und die Anforderungen dann entsprechend reduzieren und an einem durchdachten Trainingsplan arbeiten.

3 Grundregeln für das Freispringen

- ***1. Wärmen Sie Ihr Pony vor dem Freispringen unbedingt gut auf, um Schädigungen und Verletzungen zu vermeiden. Gehen Sie spazieren, longieren Sie Ihr Pony zehn Minuten oder machen Sie ein Mal Bodenarbeit, bevor es ans Springen geht.***
- ***2. Gehen Sie behutsam vor! Führen Sie das Pony zunächst durch die Hindernisse (Stangen liegen am Boden). Beginnen Sie dann mit niedrigen Sprüngen und bauen Sie zuletzt höhere Hindernisse auf. Drei bis sieben Durchgänge genügen.***
- ***3. Achten Sie auf Sicherheit! Dazu gehört einerseits die gute Wahl des Springplatzes hinsichtlich einer griffigen und ebenen Bodenbeschaffenheit sowie einer sicheren und gut sichtbaren Absperrung. Andererseits muss die Arbeit mit Ruhe angegangen werden und darf nicht zum Herumscheuchen werden.***

Über dem Oxer muss sich das Pony stark strecken.

Gönnen Sie Ihrem Pony eine entsprechende Abwärmphase, die ihm ermöglicht seinen Puls und seinen Atem wieder auf normale Frequenz zu bringen. Gehen Sie ein bisschen mit ihm herum oder machen Sie einen Spaziergang. Auf jeden Fall soll das Freispringen ganz entspannt ausklingen, denn viele Pferde neigen dazu, sich hierbei aufzuregen.

Man darf nicht vergessen, dass das Freispringen Stress bedeutet. Sie treiben Ihr Pony ja in gewisser Weise in die Enge, lassen ihm keine Wahl als den Sprung. Alle Seiten sind abgeschottet. Manche Pferde sind mehr mit dem Versuch des Ausweichens als mit der Konzentration auf den Sprung beschäftigt. Finden Sie für solche Kandidaten besser eine andere Beschäftigung, als es jedes Mal unter Stress zu setzen, um ihm einen »Spaß« aufzuzwingen, der nur auf Ihrer Seite liegt. Ein Pony, das nach mehrmaligem Üben noch hektisch ist, wird nicht geschmeidig Springen. Achten Sie also ihm zuliebe darauf, es nicht zu überfordern und es seinen Fähigkeiten entsprechend zu trainieren.

Übungsideen

Kreuzsprung und Oxer

Der ***Kreuzsprung*** ist gut als Einstiegsmodell geeignet. Zwei Stangen werden so auf den Hindernisständern platziert, dass sie an den Seiten höher liegen als in der Mitte, wo sie sich kreuzen. Durch die erhöhten Seiten wirkt der Sprung höher, als er eigentlich ist. Eine Stange am Boden vor dem Hindernis schließt den Sprung nach unten hin ab. Dieses Hindernis kann gut als Einsprung für eine Gasse verwendet werden.

Als ***Oxer*** wird ein Sprung bezeichnet, der vom Pferd nicht nur nach oben, sondern auch nach vorne gesprungen werden muss. Es handelt sich also um einen sogenannten Hochweitsprung. Einen solchen Sprung können sie entweder mit zwei hintereinander gestellten Hindernissen oder Cavaletti bauen, oder mit einem Hindernis, vor welches Sie Strohballen legen.

Der Abstand zwischen beiden muss so gewählt werden, dass das Pony das Hindernis mit einem Sprung nehmen kann – also möglichst eng. Der vordere Sprung ist niedriger als der hintere.

Bei diesem Hindernis ist der gymnastische Effekt besonders groß. Das Pferd muss sich im Sprung strecken.

»Wassergraben«

Eine Art Wassergraben – also einen Weitsprung – kann man auf vielerlei Art basteln. Sie können zwischen zwei Stangen eine Plastikplane legen oder zwei alte Autoreifen. Konstruieren Sie ein Hindernis, das flach am Boden liegt und das Pony veranlasst, weit statt hoch zu springen.

Geben Sie Ihrem Pony genug Schwung mit auf den Weg. Bei Weitsprüngen ist es für Ihr Pony schwieriger, zu taxieren und den Kraftaufwand richtig einzuschätzen. Ein gelungener Sprung dieser Art genügt.

Beamtenlaufbahn

Die sogenannte Beamtenlaufbahn sieht eine Sprungreihe vor, die zunächst mit am Boden liegenden Stangen beginnt und dann in aufsteigender Höhe angeordnet wird.

Den richtigen Abstand für Hindernisse im Trab (oder Galopp) ermitteln Sie bei der Stangenarbeit an der Longe. Das Anforderungsniveau in einer Sprunggasse sollte jeweils langsam von vorn nach hinten ansteigen. Nach einem niedrigen Einsprung (je nach Größe Ihres Ponys reichen 10–40 cm Höhe) folgt ein mittelhoher Steilsprung (30–50 cm Höhe) und anschließend ein Aussprung (meist ein Hochweitsprung (max. 40–70 cm), bei dem sich das Pony noch einmal kräftig vom Boden abdrückt.

Nun können Sie zum Beispiel zwei Stangen auf den Boden legen, über die Ihr Pony im Trab gehen kann. Hiernach folgt dann (mit einer Trablänge Abstand) ein Cavaletto. Danach sollte Ihr Pony in den Galopp fallen können (Abstand der Hindernisse richtig bemessen!), um einen kleinen Oxer und dann, mit zwei Galoppsprüngen Abstand, ein hohes Hindernis zu nehmen. Man kann diese Sprungkombination beliebig verändern, aber nicht vom Prinzip der aufsteigende Höhe der Hindernisse abweichen. Der Abstand zwischen den Hindernissen ist so bemessen, dass jeweils maximal zwei Trabschritte oder Galoppsprünge möglich sind. Wenn Ihr Pony mit dem Gangartwechsel in der Sprunggasse noch nicht zurecht kommt, beginnen Sie mit einer Sprungkombination, die dem Pony ermöglicht, im Trab oder Galopp zu bleiben und alle Hindernisse in dieser Gangart zu nehmen.

3.6. Zirzensische Lektionen

Zirkuslektionen sind einer von vielen Bestandteilen der Freiheitsdressur, wie sie in Zirkussen und von einigen klassischen Ausbildern gelehrt wird. Heutzutage werden diese Lektionen aus ihrem Kontext der freien Arbeit auf dem Zirkel gelöst und in vielen Büchern und Seminaren als bereichernde Beschäftigung gelehrt. Sie fördern den Spaß an der gemeinsamen Arbeit, weil hier nur mit Lob etwas erreicht werden kann. Clevere und verspielte Ponys sind mit ihrer Begabung hier besonders gut aufgehoben.
Das Beste dabei: Zirkuslektionen kann jeder erarbeiten, auch ungeübte Reiter.

An welchen Orten?

Zunächst muss ein Ort gewählt werden, an dem sich Ihr Pony ganz sicher und wohl fühlt. Bei vielen Lektionen muss der Boden weich sein. Auf keinen Fall darf es sich durch einen zu harten oder rutschigen Boden verletzen können, da das entgegengebrachte Vertrauen in den Ausbilder und in die Übungen dann schwer gestört werden kann.

Am besten üben Sie einfach auf dem altbewährten Platz, den Sie für Ihre Arbeit mit dem Pony stets nutzen, den es gut kennt und dessen Beschaffenheit den Sicherheitsanforderungen entspricht.

Mit welcher Ausrüstung?

Das Pony trägt bei der Arbeit ein gut sitzendes Halfter, an dem ein für die Bodenarbeit geeigneter, langer Strick befestigt ist.
Das Benutzen einer Führkette ist nicht notwendig, gegebenenfalls jedoch bietet sich für manche Übungen eine Trense an – z.B. für die sogenannten »Schaukellektionen«, wie das Verbeugen oder das Kompliment. Beginnend jedoch benutzen wir ein sanftes Halfter, um das Risiko unangenehmer Erfahrungen (Schmerz) nicht einzugehen.

Mit welchen Voraussetzungen?

Grundvoraussetzung ist, dass Ihr Pony ein starkes Lobwort erlernt hat oder den Klicker als Signal dafür erkennt, dass es auf dem richtigen Weg ist, in dieser

Gerade Ponys machen bei den Zirkuslektionen richtig was her und sind ob ihrer Schläue und Neugier, ihrer Beweglichkeit und nicht zuletzt ihrer für diese Arbeit sehr nützlichen Bestechlichkeit hervorragende Mitarbeiter für Trainer mit zirzensischen Ambitionen. (Bild rechts: Friedericke Bathe mit Sheitan)

Richtung weitermachen soll und sich noch mehr trauen kann. Leicht bestechliche Ponys sind für Zirkuslektionen besonders gut geeignet.

Ihr Pony muss die Gerte aus der Bodenarbeit bereits kennen und als Ihren verlängerten Arm verstehen – nicht als Drohmittel. Absolutes Vertrauen, eine gute Arbeitsatmosphäre und Spaß an der Sache sind Voraussetzung, die Ihr gemeinsames Arbeiten hoffentlich ohnehin aufweist.

Zirzensische Lektionen verlangen von Ihrem Pony oft ein hohes Maß an Geschick und Gelenkigkeit. Deswegen muss es vorher ausreichend gut aufgewärmt sein. Verlegen Sie deshalb diese Übungen stets an das Ende Ihrer täglichen Arbeit; das hat zudem den positiven Effekt, dass Sie mit einer schönen Lektion die Arbeit beenden können.

Welches ist das Grundprinzip?

Das Pony wird konditioniert auf ein bestimmtes, immer gleiches Körper- und/oder Stimmsignal mit immer derselben Reaktion zu »antworten«. So werden neue Bewegungsabläufe und Körperhaltungen erarbeitet. Das Pony sucht dabei möglichst selbstständig, mit Hilfe Ihrer motivierender Aufforderung nach dem Weg in diese, dem natürlichen Bewegungsrepertoire von Pferden entsprechenden, Haltungen.

Wie gehe ich vor?

Grundsätzlich, das gilt für alle Zirkuslektionen, kann man durch gezieltes Touchieren mit der Gerte oder durch Locken mit Leckerchen eine Reaktion herbeiführen, die dann positiv verstärkt wird (Leckerli und Lob). Bei der zirzensischen Arbeit werden komplexe Bewegungsabläufe erarbeitet. Bis das Pony die gewünschte Lektion nicht vollständig in sein Bewegungsrepertoire aufgenommen hat, dürfen Sie daher keine Stimmhilfe geben! Wenn Sie in dem Moment, in dem das Pony lernen soll, sein Bein anzuheben, das Stimmkommando für das Kompliment beispielsweise geben, wird es das Stimmkommando mit eben diesem Teilschritt verbinden, doch nicht die noch folgenden Schritte auf dem Weg zur fertigen Zirkuslektion. Heben Sie sich also das Stimmkommando Ihrer Wahl bis zum Schluss auf – es wird das Letzte sein, was Sie erarbeiten. Wir haben den Eindruck unserem Pony zu helfen, wenn wir ihm »sagen, was wir gern hätten«. Für Ihr Pony ist das verwirrend und ermüdend.

3 Grundregeln für die Zirkusarbeit

- ***1. Die Hilfengebung für die einzelnen Lektionen erfolgt an den immer gleichen Touchierpunkten. Diese werden damit zu Reflexpunkten konditioniert, die die gewünschte Reaktion auslösen. Achten Sie zudem auf Ihre Körperhaltung und Position zum Pony, die ebenfalls Teil der Hilfengebung sind und diese unterstützen!***
- ***2. Zerlegen Sie jede Lektion in kleine Schritte, die das Pony nach und nach erlernt! Erst wenn ein Zwischenschritt sicher abrufbar ist, gehen Sie zum nächsten über. So erreichen Sie die nötige Präzision der Ausführung und eine schonende, nicht überfordernde Gymnastizierung.***
- ***3. Erarbeitet werden Zirkuslektionen mit positiver und negativer Verstärkung. Entweder wird das Pony mittels Leckerlis in eine gewünschte Haltung gelockt oder durch leichten Druck veranlasst, in eine bestimmte Position nachzugeben. Ein Stimmkommando wird immer erst eingeführt, wenn die Lektion in Gänze erarbeitet wurde und an den bekannten Touchierpunkten sicher abgerufen werden kann.***

Zu beachten ist darüber hinaus: Wenn Stimme und körpersprachliche Hilfen gleichzeitig eingesetzt werden, wird das Stimmkommando vom körpersprachlichen Signal überlagert und gar nicht wahrgenommen. Deshalb muss zuerst das Stimmkommando gegeben werden, dann das körpersprachliche Kommando, bis Letzteres gar nicht mehr nötig ist. Am Ende soll Ihr Pony möglichst allein auf das Stimmkommando hin eine Lektion ausführen. Dadurch wird es unter anderem möglich, die Lektionen in einem anderen Kontext, zum Beispiel am Langzügel oder in der Freiarbeit auf dem Zirkel, abzurufen.

Ihr Pony ist darauf angewiesen, nach dem Prinzip von Versuch und Irrtum zu lernen. Kann es Richtig und Falsch oder Ihre Hilfen nicht klar unterscheiden, wird das langfristig Frust bei Ihrem Pony erzeugen. Es wird zu lange brauchen, Ihre Wünsche zu verstehen oder gar nicht zum Ziel kommen. Dabei ist es für den Lernprozess Ihres Ponys so wichtig, als Partner aktiv am Lernvorgang beteiligt sein zu können. Es kann deshalb sinnvoll sein, einen Klicker zur positiven Verstärkung einzusetzen. Er ermöglicht es nämlich, noch gezielter als die Stimme Einzelelemente einer Übung zu belohnen. Erarbeiten Sie zum Beispiel gerade das Kompliment und wollen erreichen, dass sich Ihr Pony tatsächlich mit seinem ganzen Gewicht auf das Vorderbein stützt, statt nur ganz kurz den Boden zu berühren, so können sie präzise in dem Moment klicken und verstärken, in dem das Vorderbein gerade noch am Boden ist. Hat das Pony das verstanden, wird der Zeitraum bis zum Klicken ausgedehnt. So wird das Pony angespornt, immer länger am Boden zu verharren und schließlich sein Bein ganz zu belasten. Das Leckerli, welches Sie mit dem Klickgeräusch versprochen haben, bekommt es erst, wenn die Übung wieder aufgelöst wurde.

Beim Kompliment soll das Stützbein im rechten Winkel knien.

Damit eine Übung als jederzeit abrufbar abgespeichert wird, muss sie mehrmals – zuweilen hunderte Male – wiederholt werden. Es kann also mitunter ein sehr langer Weg sein von den richtigen Ansätzen hin zur perfekt ausgeführten Lektion. Versuchen Sie dabei nie schneller vorzugehen, als es Ihr Pony anbietet. Sonst kann es leicht passieren, dass die körperliche Leistungsfähigkeit überstrapaziert wird, Verletzungen und Frustration die Arbeit nachhaltig beeinträchtigen.
Meistens führen verschiedene Wege zum Ziel. Probieren Sie deshalb denjenigen aus, der Ihnen am meisten zusagt und schauen Sie, wie gut er den Eigenheiten und dem Lernverhalten Ihres Ponys entspricht. Sie können es dann immer noch auf einem anderen Weg probieren, falls Sie nicht weiterkommen.

Übungsideen

Kompliment

Üben Sie zuerst das Anheben des Vorderbeins. Dazu wählen Sie einen Touchierpunkt, der diese Reaktion ab sofort sicher auslösen soll. Sinnvollerweise ist das die Innenseite des Vorderfußwurzelgelenks, denn hier hinein beißen sich Pferde (vor allem Hengste) untereinander im Spiel, um den Rivalen zum Einknicken der Vorderbeine zu bringen. Tippen Sie diese Stelle also mit der Gerte so lang an, bis das Pony dieses Bein entlastet. Wird es hierfür gelobt, dann hebt es bald dieses Bein an. Im nächsten Teilschritt möchten Sie dann erreichen, dass das Pony sein Vorderbein richtig anwinkelt. Unterstützend können Sie am Anfang das Bein in die Hand nehmen und anheben.
Mit angewinkeltem Vorderbein soll das Pony nun leicht nach rückwärts schaukeln. Halten Sie das angewinkelte Bein also mit der Hand fest, damit Ihr Pony es nicht gleich wieder absetzt, und üben Sie Druck auf den Unterarm oder das Buggelenk aus, um es zum nach hinten schaukeln zu veranlassen. Alternativ können Sie eine Trense oder das Halfter benutzen und durch Zupfen an selbigem in Richtung Hinterhand die rückwärtsgerichtete Schaukelbewegung auslösen. Manche Ausbilder nutzen das eingeführte und bekannte Kommando für das Rückwärtsrichten, um dem Pony das Verständnis zu erleichtern. Diese zusätzlichen Hilfen sind Geschmackssache und entbehrlich, wenn das Pony bereits auf den Touchierpunkt hin entsprechend reagiert. Ihnen dürfen dabei allerdings nicht die kleinsten Bewegungsansätze in die gewünschte Richtung entgehen! Das Pony soll dem Druck nach hinten wiegend weichen. Stellen Sie sich mit Blickrichtung nach vorn neben das Pony. Wenn Sie diese Position konsequent einnehmen, kann sie für Schaukellektionen konditioniert werden. Diese wiedererkennbaren Anhaltspunkte erleichtern dem Pony den Lernprozess. Ziehen Sie das Pony nicht am angehobenen Bein nach hinten!
Berühren Sie immer wieder unterstützend den Touchierpunkt, damit er nach und nach zum Reflexpunkt wird und die immer gleiche Reaktion – nämlich die Verbeugung – auslöst.

An dieser Stelle der Ausbildung kommt bei einigen Trainern die Beinlonge zum Einsatz. Sie hat jedoch nur in geübten Händen oder unter Anleitung und Aufsicht eines erfahrenen Trainers etwas zu suchen. Sie soll helfen, das Ponybein oben zu halten und Ihnen gleichzeitig ermöglichen, alles optimal im Blick zu behalten beziehungsweise Ihre Hände frei zu haben für weitere unterstützende Hilfen. Beim Einsatz der Beinlonge ist es sehr wichtig, sie nicht loszulassen, wenn das Pony anfangs vielleicht stark herumzappelt. Sonst ist das Verletzungsrisiko viel größer, als wenn Sie die Beinlonge einfach festhalten und warten, bis das Pony wieder ruhig steht. Hat das Pony gelernt, sich richtig auf das Vorderbein zu stützen und das Bein in der Schaukel- beziehungsweise Abwärtsbewegung oben zu halten, wird es das bald selbstständig tun können. Für das Pony keine leichte Übung! Es muss verschiedene Bewegungsabläufe gleichzeitig ausführen und im gesamten Verlauf der Lektion, eine gewisse Körperspannung aufrechterhalten.
Auch mit der Beinlonge gilt, dass das Bein nicht die gewünschte Richtung gezogen, sondern nur hoch gehalten wird. Verlieren Sie nicht die Geduld, wenn es länger braucht, sich zu trauen, Gewicht auf das Vorderfußwurzelgelenk zu verlagern.
Diese Übung ist anstrengend. Beim Kompliment wird die gesamte Muskelpartie von der Schulter bis zur Lende gedehnt. Auch für die Bauchmuskulatur ist das ein echter Kraftakt. Trainieren Sie dieses Kunststück daher ausschließlich mit einem bereits gut gymnastizierten und vor der Arbeit ausreichend aufgewärmten Pony!

Übung des Kompliments mit der Beinlonge.

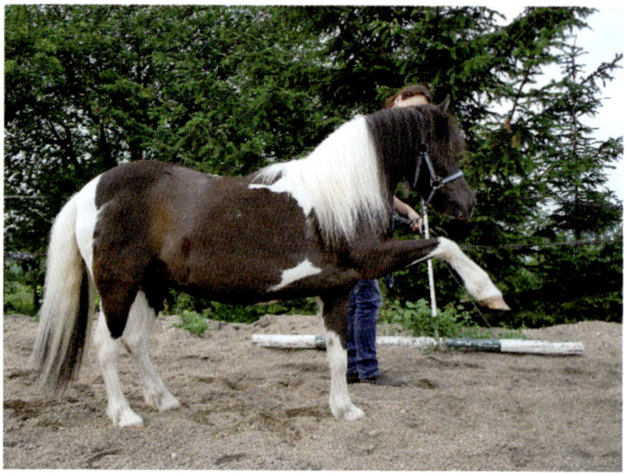

Spanischer Gruß im Stand.

Spanischer Schritt

Der ***Spanische Schritt*** ist eine der Lektionen der klassischen Reitausbildung und soll hier vom Sattel aus gezeigt werden. Die Übung verbessert die Schulterfreiheit und kräftigt diese. Achten Sie mit fortschreitendem Übungserfolg darauf, dass das Pony die Hinterbeine mitnimmt, sonst lässt das Pony den Rücken fallen.
Sie werden wieder eine Gerte brauchen, um jeweils das Vorderbein zu bestimmen, das weit ausgestreckt angehoben werden soll. Zunächst üben Sie nur auf einer Seite und im Stand (Spanischer Gruß). Stellen Sie sich auf Schulterhöhe neben Ihr Pony und höchstens ganz zu Beginn der Erarbeitung davor. Erstens, um Verletzungen zu vermeiden und

zweitens, um möglichst bald das Schreiten – also das Vorwärtsgehen im Spanischen Schritt – entwickeln zu können.
Allzu lange im Stand geübt, wird es schwierig, aus dem ***Spanischen Gruß*** (im Stand) das Schreiten zu entwickeln. Einige Ausbilder empfehlen deshalb, den Spanischen Schritt gleich im Schritt zu lehren, was nicht alle Pferde gleich gut verstehen. Gehen Sie vor, wie es Ihnen und Ihrem Pony leichter fällt.
Nun tippen Sie das ausgewählte Vorderbein an einem sinnvollen Touchierpunkt an. Das kann das Röhrbein sein oder, wenn dieses schon für eine andere Lektion »besetzt« ist, die Schulter. Bewegt oder hebt Ihr Pony daraufhin das Vorderbein, arbeiten Sie durch gezieltes Lob an der Intensivierung dieser Reaktion. Besonders Ponys mit einem offensiveren Charakter bieten schon mal von sich aus an, das Bein richtig hoch und nach vorne zu werfen. Eher brave, verhaltene Ponys tun sich mit dieser Übung – die von hengstischem Verhalten abgeleitet ist – schwerer. Ihnen hilft man besser, indem man das Vorderbein mit der Hand am Fesselgelenk entsprechend nach vorn und/oder oben hebt. Bisweilen wird für diesen Schritt eine Beinlonge eingesetzt. Sie ermöglicht Ihnen, recht rückenschonend das Bein nach dem Antippen anzuheben und Sie haben jederzeit Ihr Pony gut im Blick, weil Sie aufrecht arbeiten können. Beim Einsatz einer Beinlonge ist auf eine absolut ruhige Arbeitsatmosphäre zu achten! Legen Sie die Longe um das Fesselbein und lassen Sie sie nicht los, falls das Pony herzumzappelt. Ziehen Sie jedoch nicht so kräftig daran, dass das Pony zu Widerstand gegen den dadurch verursachten Schmerz provoziert wird oder Sie das Bein durch Überdehnung verletzten! Führen Sie ein Stimmkommando (z. B. »Paas«) für diese Verhaltensweise ein. Sobald Ihr Pony das Bein ohne Ihre Unterstützung auf Stimm- und Touchierhilfe hin zeigt, gehen Sie an die Arbeit in der Bewegung.

Lassen Sie Ihr Pony langsam neben sich hergehen, dann tippen Sie das zu Ihnen gewandte Vorderbein an. Um sich dem Pony verständlicher zu machen, schreiten Sie ruhig mit deutlich angehobenen Beinen neben Ihrem Eleven her. Die meisten Pferde verstehen sich hier gut auf Nachahmung.
Geben Sie das Stimmkommando und loben Sie die beste Ausführung. Dann gehen Sie weiter. Als Nächstes folgt die sogenannte Polka. Dabei ist jeder dritte Schritt ein Spanischer Schritt. Damit wird erzielt, dass beide Beine gleichmäßig gearbeitet werden und das Pony sich nicht etwa auf eine Seite festlegt, auf der es den Spanischen Schritt ausschließlich zeigt. Die Übung erfordert einen nicht geringen Kraftaufwand und alle Pferde haben ein Bein, in dem Sie kräftiger und gelenkiger sind und daher den Spanischen Schritt lieber zeigen. Trainieren Sie daher immer möglichst beide Seiten gleich intensiv. Am Anfang halten Sie jeweils an und tippen dann das gewünschte Bein an. Den Spanischen Schritt im Bewegungsfluss zu zeigen, ist noch zu schwierig. Erst nach der Polka üben Sie, dass beide Beine abwechselnd nach vorn und oben gestreckt werden. Lassen Sie Ihr Pony zwei Spanische Schritte machen und dann entspannt weiter vorwärts gehen. Halten Sie nicht an nach geglückter Lektion und verlangen Sie noch nicht mehr Schritte nacheinander!
Die einwandfreie und flüssige Erarbeitung des Spanischen Schrittes nimmt Monate in Anspruch – bleiben Sie geduldig!

Steigen

Das Steigen sollten Sie mit Ihrem Pony erst erarbeiten, wenn es die Lektionen, die in die Tiefe führen, bereits zuverlässig zeigt. Ein so vorbereitetes Pony wird im Steigen auf Ihr Kommando hin weniger eine Dominanzgeste als eine von vielen Übungen sehen. Es ist allerdings nicht ausgeschlossen, dass

ein Pony bei dieser Lektion so richtig Feuer fängt und Sie herauszufordern versucht. Wenn Sie das feststellen, etwa weil Ihr Pony beim Steigen auf Sie zuspringt oder die Übung dauernd unaufgefordert anbietet, lassen Sie besser die Finger davon! Gehen Sie in diesem Fall noch einmal zurück zu den grundlegenden Gehorsamsübungen der Bodenarbeit. Gehen Sie energisch gegen unaufgefordertes Steigen vor!
Um die Lektion zu erarbeiten, muss Ihr Pony erst dazu gebracht werden, die Vorderhufe vom Boden zu lösen. Das ist auch schon der schwierigste Schritt. Danach gilt es (nur noch), die Höhe und Intensität durch positive Verstärkung zu verbessern.

Für den ersten Schritt gibt es verschiedene Wege, die Sie ausprobieren können. Manche Ponys sind so sensibel, dass es ausreicht, ihnen etwas »vor die Füße zu werfen« – etwa einen Ball – oder Sie mit einer flach am Boden geführten Gerte zu einem Hüpfer zu animieren. Andere wiederum brauchen einen intensiveren »Schreckmoment«. Versuchen Sie es damit, die Gerte oder Longierpeitsche hinter Ihrem Rücken flach am Boden in einer schnellen Bewegung Richtung Vorderbeine hervorschwingen zu lassen. Dabei können Sie durchaus auch die Vorderbeine des Ponys touchieren – aber natürlich nicht schlagen. Machen Sie eventuell sogar selbst einen kleinen Hüpfer dazu. Das kann manchmal helfen. Für alle Varianten gilt: Sofort den Druck nachlassen und ausgiebig loben, sobald sich die Vorderhufe nur einige Millimeter vom Boden lösen. In der klassischen Ausbildung kommt zu Beginn bisweilen eine Beinlonge zum Einsatz, die dem Pony um einen der vorderen Fesseln gebunden wird. Damit wird dann eines der beiden Beine hochgehoben, während das andere touchiert wird. Ich möchte Ihnen dringend von dieser Methode abraten. Viele Ponys sind stark verunsichert und reagieren heftig und sogar ängstlich auf so viel Druck. Es ist absolut nicht nötig, diese Lektion mit Zwangsmitteln zu erarbeiten und genauso wenig sinnvoll! Ponys lernen gern und schnell, wenn sie mit viel Lob und einer positiven Arbeitshaltung Ihrerseits dazu motiviert werden.
Haben Sie diese wenigen Millimeter zwischen Boden und Vorderhufen erarbeitet, geht es weiter zur Verfeinerung. Sie loben dann nur noch, wenn der Hüpfer deutlicher ausfällt. Das spornt den Eifer an, vor allem, wenn es für mehr Leistung auch ein dickes Leckerli zu erwarten gibt. Mit der Zeit, steigern Sie so die Hüpfer Ihres Ponys zum Steigen. Arbeiten Sie außerdem daran, die Hilfengebung progressive zu verfeinern.

Jedes Pony hat seine eigene Art zu steigen. Manche zeigen ein ausbalanciertes, kraftvolles Steigen, aus dem eine Levade erarbeitet werden kann (Max siehe Buchcover). Andere strecken sich dabei eher in die Höhe. In der klassischen Reitkunst spricht man dabei von einer Pesade. Beide Ausführungen sind gut, solange sie in guter Balance gezeigt werden.

4 Aufbautraining

4. Aufbautraining

4.1. Arbeit am Langen Zügel

Die Arbeit am Langen Zügel ist die Königsdisziplin der Pferdeausbildung. Vertrauen, Respekt, Gehorsam, feine Kommunikation, hundertprozentige Kooperation und eine solide Grundausbildung bekommen hier die Krone aufgesetzt. Die Kommunikation mit dem Pferd ist hierbei auf so wenige und feine Hilfsmittel beschränkt, das Vertrauensverhältnis zwischen Pferd und Trainer muss auf so festen Füßen stehen und die Kooperation zwischen beiden erreicht ein so hohes Niveau, dass es nicht verwunderlich erscheint, dass Vorführungen am Langen Zügeln die Höhepunkte jeder Showvorführung darstellen.

Wir wollen uns diesem Thema nicht mit weniger Anspruch nähern, aber aus einer anderen Perspektive heraus: Unsere Ponys können von einer so umfassenden Ausbildung unter dem Sattel nur träumen, sie lernen alle Lektionen vom Boden aus.

Sie können hier alle Lektionen, die Sie vom Boden aus geübt haben oder aus dem Reitalltag kennen, auf die Arbeit hinter Ihrem Pony verlagern.

An welchen Orten?

Im Grunde kann man die Arbeit an der langen Leine überall dort stattfinden lassen, wo Sie reiten würden – also auch im Gelände. Zunächst sollten Sie wieder auf dem gewohnten, möglichst abgesperrten Terrain beginnen.

Achten Sie darauf, dass der Boden auch für Sie selbst geeignet ist. Denn wenn Sie nicht entsprechend mithalten können, rutschen oder stolpern, ist kein feinfühliges Arbeiten möglich.

Mit welcher Ausrüstung?

Für die Arbeit hinter dem Pferd benötigen Sie vier Hilfsmittel: Eine Trense (oder zu Beginn einen Kappzaum), ein Paar Langzügel, eine Gerte und Ihre Stimme. Für den Anfang oder besonders kleine Ponys empfiehlt sich die Anschaffung eines Longiergurtes.

Der Longiergurt muss seitliche Ringe haben, durch die Ihr Langzügel gut hindurchpasst. Wenn Sie keinen Gurt finden, der Ihrem Pony passt, können Sie auch ein größeres Exemplar beispielsweise für

Vollblut oder Kleinpferd erstehen und sich bei Ihrem Sattler oder Schuster anpassen lassen. Ponys, die so klein sind, dass eine korrekte Zügelführung nur schwer oder durch eine ungesunde Haltung Ihrerseits möglich ist, sollten dauerhaft mit einem Gurt ausgestattet werden.

Am Anfang kaschiert der Longiergurt eine eher unsichere Zügelführung. Ruckartige oder unkoordinierte Bewegungen mit der Hand werden durch die Ringe abgemildert und umgelenkt, ohne das empfindliche Ponymaul direkt zu erreichen und zu irritieren.

Als Kopfstück wählen Sie ein Arbeitsmittel, mit welchem Sie und Ihr Pony vertraut sind. Sie können durchaus mit einem gut sitzenden Kappzaum einsteigen. Sobald es an Lektionen geht, muss aber eine Trense verwendet werden. Das Argument, dass der Einstieg in die Langzügelarbeit ohne Trensengebiss zu gefährlich sei, kann ich weder verstehen noch unterstützen. Ist Ihr Pony so heftig und unkontrollierbar, dass es sich kaum halten lässt, ist nicht ein scharfes Gebiss, sondern drei Schritte zurück zur Grundausbildung die Lösung. Beginnen Sie mit dieser anspruchsvollen Arbeit nur, wenn Sie Ihr Pony jederzeit beherrschen, mit ihm durch feine Körper- und Stimmsignale kommunizieren und es hundertprozentig einschätzen können!

Bei der Auswahl der Langzügel sollten Sie auf Folgendes achten: Wählen Sie ein geschmeidiges Material, das gut in der Hand liegt. Die Zügel dürfen nicht zu dick sein, sonst ermüden bald Ihre Hände und eine feine Einwirkung wird unmöglich. Andererseits dürfen die Zügel nicht zu dünn sein, denn diese haben Sie nicht so gut im Griff. Benutzen Sie keine Longe. Deren überschüssige Länge müssten Sie aufgewickelt in den Händen tragen, was erstens gefährlich und zweitens für eine feine Zügeleinwirkung ungünstig ist.

links außen: Anfangs ist ein Longiergurt sinnvoll.
links: Experimentieren Sie mit Materialien und Längen beim Langzügel.

Die richtige Länge ist ein Sicherheitsaspekt: Der verwendete Langzügel sollte nicht länger als bis zum Sprunggelenk herunterhängen, wenn Sie ihn auf Höhe des Hüftgelenks beziehungsweise des Sitzbeinhöckers halten. Nur so ist gewährleistet, dass weder Sie noch das Pony bei einer unerwarteten Reaktion in den Zügel treten und sich verletzen können. Zu kurz dürfen die Zügel auch nicht ausfallen. Sie brauchen den Spielraum, um geschmeidig Handwechsel einleiten sowie die Zügel unabhängig voneinander verkürzen und verlängern zu können.

Nehmen Sie sich die Zeit, den zu Ihnen passenden Langzügel auszuwählen. Man kann sich diese bei einem Sattler anfertigen lassen oder zum Beispiel Schlaufzügel für Großpferde verwenden.

Wählen Sie eine Gerte, mit der Sie jederzeit alle Stellen am Körper Ihres Ponys berühren können – so zum Beispiel das Vorderbein, um ein Kompliment abzufragen. Am Anfang reicht aber die Gerte, die bis etwa zur Schenkellage gelangt. Das Ende der Gerte muss intakt sein, denn sonst verheddert es sich leicht im Schweif. Achten Sie auf ein leichtes Exemplar – Sie halten es das ganze Training über in der Hand.

Hinter dem Pferd hergehend, geben Sie den Ton an. Ihre Stimme beruhigt oder belebt, lobt oder tadelt, leitet eine dem Pony bereits bekannte Lektion ein oder macht sie so abrufbar, dass Sie lediglich an ihrer Perfektion und einer korrekten Körperhaltung mit Hilfe der anderen Ihnen zur Verfügung stehenden Hilfsmitteln arbeiten müssen.

Tragen Sie Handschuhe, um Ihre Hände zu schonen und zu schützen.

Mit welchen Voraussetzungen?

Bevor Sie mit Ihrem Pony die Arbeit am Langen Zügel beginnen, sollten Sie bereits eine feine Kommunikation erarbeitet haben, die geschmeidige Bewegungen, eine gelöste Arbeitsatmosphäre und eine sensible und präzise Hilfengebung ermöglichen.

Sie haben sich also bereits das Spazierengehen, die Bodenarbeit und die Arbeit an der Longe oder im Round Pen zu eigen gemacht. So konnte Ihr Mini Sie, die Funktion der Gerte, Lob und Strafe und das Nachgeben auf Hilfen hin erlernen. Außerdem hat es eine gewisse Geschmeidigkeit, Gelenkigkeit und Konzentrationsfähigkeit erworben. Anspruchsvollere Lektionen erlernt das Pony immer zuerst an der Hand, bevor sie ins Langzügeltraining aufgenommen werden. Dafür sollten Sie eine Grundkondition mitbringen, die mit der Ihres Ponys mithalten kann.

Welches ist das Grundprinzip?

Bei der Arbeit am Langen Zügel wird ein Langzügel rechts und links des Ponys vom Trensenring zur Hinterhand geführt. Das Pony bewegt sich zwischen zwei (geschlossenen!) Langzügeln vor Ihnen. Sie gehen dicht hinter ihm und im gewünschten Tempo her. Langzügel, Gerte und Stimme ersetzen die üblichen Reiterhilfen.

Die äußere Leine begrenzt und rahmt das Pony ein. Die innere Leine gibt die Stellung des Kopfes an. Die Gerte unterstützt die Zügelführung.

Wie gehe ich vor?

Zunächst bringen Sie Ihrem Pferd bei, dem Zügelzug zu folgen, sowie der Gerte zu weichen, wobei es Letzteres bereits aus der Bodenarbeit kennt.

Befestigen Sie in Ruhe den Langzügel und legen Sie sie rechts und links um den Körper Ihres Ponys. Fordern Sie Ihr Pony auf, ruhig zu stehen und sich nicht nach Ihnen umzudrehen, so wie bereits bei der Bodenarbeit gelernt.

Stehen Sie nun hinter Ihrem Pony, fordern Sie es mit dem gewohnten Kommando (»Los!«, »Hü!« etc.) zum Losgehen auf. Dazu touchieren Sie es mit der Gerte an der Flanke oder »schieben« es sachte mit Ihren Händen auf der Kruppe an. Bewegt es sich daraufhin vorwärts, loben Sie es ausgiebig und nehmen langsam die Zügel auf. Geht es nicht ohne Hilfe, bitten Sie jemanden das Pony zunächst anzuführen, bis es die Hilfen verstanden hat.

Sie bewegen sich bei der Langzügelarbeit so dicht wie möglich hinter dem Pony. So nehmen Sie einerseits eine sichere Führposition ein, denn Ihr Pony kann Sie – auch wenn es austreten sollte – nicht verletzen. Andererseits gewährleistet ein möglichst geringer Abstand am ehesten eine ruhige Zügelführung. Bei dieser unterscheidet man zwei mögliche Arten: die breite und die enge Zügelführung.

Die enge Zügelführung wählen Sie, wenn Sie bereits sicherer in der Hilfengebung sind und die Hände ruhig frei tragen können. Ihr Pony kann sich dabei

Bei der breiten Zügelführung werden die Zügelfäuste jeweils rechts und links der Kruppe auf Höhe der Schweifrübe getragen.

leichter im Hals verwerfen oder über die äußere Schulter gehen und sollte daher bereits sicher in der jeweiligen Lektion sein. Der äußere Zügel wird hierzu über den Rücken nach innen genommen und beide Zügelfäuste werden nebeneinander gestellt.
Egal welche Zügelführung Sie bevorzugen und einsetzen, Sie gehen stets seitlich des Schweifs hinter dem Pony.
Nach einigen Schritten, in denen sich Ihr Pony ruhig und entspannt vorwärts bewegt hat, parieren Sie wieder zum Halten durch: Dazu treiben Sie es weiter an, geben aber beidseitig eine ganze Parade (ein Eindrehen der Hand zu Ihrem Körper hin) und das erlernte Stimmkommando. Parieren Sie Ihr Pony nie unvermittelt durch, so dass es einfach in den anstehenden Zügel läuft und daraufhin – auf die Vorhand fallend, wie wir es ja verhindern wollen – irgendwie zum Stehen kommt. Bereiten Sie es vor allem am Anfang durch ein Stimmkommando vor, während Sie es noch treiben. Dann erst kommen die Zügel zum Einsatz, wobei die Hilfen sehr kurz aufeinander folgen. Hält Ihr Pony nicht sofort an, ziehen Sie nicht einfach weiter, sondern beginnen erneut in der Reihenfolge der zu gebenden Hilfen (Stimme, dann Zügel). Diese Paraden erfolgen, bis das Pony reagiert. Bemühen Sie sich immer um diese einfühlsame Kommunikation, die Sie und Ihr Pony im Laufe der gemeinsamen Zeit erarbeitet haben!
Gelingen Antreten und Anhalten, beginnen Sie mit Trab und Wendungen, wobei Sie sich an folgender Hilfengebung orientieren.

Die Position im Winkel bietet sich für zahlreiche Lektionen und insbesondere für die Trab- und Galopparbeit an.

Die Hilfengebung bei der Arbeit am Langzügel

Betrachten wir die bei der Arbeit am Langen Zügel eingesetzten Hilfsmittel zunächst getrennt, obwohl natürlich immer ein korrektes Zusammenspiel der Hilfen notwendig ist. Wenn der Einsatz der einzelnen Komponenten sowie ihre jeweilige Wirkung grundlegend klar sind, können sie in jeder Situation und zur Erarbeitung aller Lektionen jeweils nach Bedarf kombiniert werden.
Beginnen wir mit dem Naheliegendensten: den Zügelhilfen.
Die Zügel müssen stets Verbindung zum Pferdemaul haben, was einige Übung braucht. Lassen Sie die Zügel niemals schlackern, so dass sie unentwegt wie Paraden auf das Maul einwirken. Über das Gebiss bieten Sie Ihrem Pony Führung, leiten Richtungs- und Stellungsänderungen ein und rahmen gleichzeitig (führend) das Pony ein.
Legen Sie ruhig, vor allem am Anfang der Ausbildung, Ihre Hände beidseitig auf der Ponykruppe ab, um eine ruhige Zügelverbindung erhalten zu können. Das gibt auch Ihrem Pony Sicherheit.
Soll Ihr Pony geradeaus gehen, lassen Sie beide Zügelfäuste auf gleicher Höhe stehen. Um Ihr Pony zu stellen, werden Sie den inneren Zügel am Anfang und im Training von neuen Lektionen anheben müssen. Führen Sie dazu die innere, führenden Hand gerade nach oben. Gibt Ihr Pony daraufhin im

Genick nach und stellt den Kopf so nach innen, dass Sie sein inneres Auge sehen können, nehmen Sie die Hand wieder nachgebend auf gleiche Höhe mit der äußeren Zügelfaust. Der innere Zügel ist also wie beim Reiten für die Stellung und Führung zuständig. Verschiedene Intensitätsgrade können dabei unterschieden und variiert werden, wobei es sich immer um kurze, impulshafte Hilfen handelt und niemals dauerhaftes Ziehen: Die feinste stellende Hilfe erfolgt durch bloßes Zusammendrücken der Hand beziehungsweise das nach unten Eindrehen des Handgelenks (Paraden). Müssen stärkere Hilfen gegeben werden, kann man mal den Zügel kurz und gegebenenfalls wiederholend zu sich heranziehen (Arrêt).

Auch für die Einleitung einer Wendung, in der das Pony nach innen gestellt sein soll, gehen Sie so vor.

Zu Beginn der Ausbildung kann es nützlich sein, den inneren Zügel eher nach innen zu führen. Das erleichtert Ihrem Pony zunächst das Verständnis der Hilfengebung. Greifen Sie immer darauf zurück, wenn sich Probleme bei Wendungen und Seitengängen zeigen.

Reagiert ein Pony nicht oder nur zögerlich auf die Parade, so wiederholen Sie diese in kurzen Abständen einige Male. Lassen Sie sich nicht dazu verleiten, den inneren Zügel festzuhalten, mit Dauerzug eine Wendung einleiten oder Stellung herbeiführen zu wollen – das blockiert lediglich das innere Hinterbein und Ihr Pony wird über die äußere Schulter fallen. Also dahin, wo Sie ja gerade nicht hin wollen.

Der äußere Zügel erfüllt mehrere Aufgaben, die beim Reiten von Zügel und Schenkel übernommen werden. Er steht als äußere Begrenzung an, muss aber in den Wendungen soweit nachgegeben werden, dass sich das Pony korrekt biegen kann. Achten Sie also darauf, beide Zügelfäuste gleichauf zu halten und nicht etwa die äußere Hand hinter der inneren Hand zu halten. Seine Wirkung als Zügel ist demnach gleichzusetzen mit derjenigen des äußeren, anstehenden Zügels beim Reiten. Führung bietet er insofern, als dass er die »Tür« in die Richtung, in die das Pony nicht gehen soll, »zumacht«. An der äußeren Bauchseite und Flanke dient er, wie der äußere Schenkel beim Reiten, der Begrenzung nach außen und verhindert, dass das Pony über die äußere Seite ausweicht und vom gewählten Hufschlag abdriftet.

Den inneren Zügel nach innen führen.

Die innere Hand nach oben führen.

Verstärkt werden kann diese Hilfengebung durch Höhernehmen der äußeren Hand. Wenn sich beispielsweise Probleme beim Halten der Linie ergeben, kann die äußere Hand nach oben geführt werden, so dass das Pony dieser folgt.
Wendungen werden auch körpersprachlich eingeleitet und unterstützt. Geben Sie den äußeren Zügel sanft nach, dabei bewegen Sie die äußere Schulter nach vorn, die innere leicht zurück. So nehmen Sie die gewünschte Bewegung der Ponyschulter vorweg. Schauen Sie auf das angesteuerte Ziel und in Bewegungsrichtung.
Diesem Positionswechsel wird es bald vorausschauend folgen – vergleichbar der Gewichtshilfe beim Reiten.
Wechseln Sie von der rechten auf die linke Hand (zum Beispiel aus dem Zirkel), so bewegen Sie sich von der rechten Seite des Ponys auf dessen linke Seite. Parieren Sie am Anfang lieber erst zum Schritt durch, um die eigene Bewegung zur anderen Seite hin zu schulen, ohne mit den Leinen zu stören.

Um einzelne Körperpartien ansprechen zu können, brauchen Sie außerdem die ***Gertenhilfen***. Insgesamt wird die Gerte nur äußerst sparsam bei der Langzügelarbeit eingesetzt, denn sie kann einerseits heftige Abwehrreaktionen des Ponys auslösen und andererseits die sanfte, stete Zügelführung stören. Sie brauchen die Gerte bei büffeligeren Ponys, um sie zum Zulegen des Tempos zu stimulieren und gegebenenfalls in der Erarbeitung von Seitengängen, um das Herein- oder Herausnehmen der Kruppe zu unterstützen. Kurz und knapp sind diese Aufforderungshilfen am wirkungsvollsten.

Die Handhabung der Gerte sollte mit so geringen Bewegungen wie möglich erfolgen, denn jede Positionsänderung überträgt sich natürlich auf das Pferdemaul. Je geringer die Handbewegung dabei

Beim Handwechsel bewegen Sie sich hinter dem Pony auf die andere Seite.

ausfällt, desto unerwarteter kommt die Hilfe für Ihr Pony. Es wird konzentrierter mitarbeiten, als wenn jede neue Hilfe durch eine aufwendige Armbewegung angekündigt würde. Lassen Sie die Gerte zu Beginn am besten in der Hand, mit der Sie geschickter agieren können. Sie setzen sie beispielsweise ein, wenn das Pony dazu neigt, in Wendungen nach innen zu fallen oder über eine Schulter wegzulaufen. So fordert die Gerte im Zusammenspiel mit einem höher geführten inneren Zügel das Pony auf, die innere Schulter höher zu nehmen. Achten Sie darauf, dass Sie nicht etwa Ihr Pony zu sehr nach innen ziehen, wodurch Sie ein solches Fehlverhalten provozieren. Bleiben Sie so gerade, wie es Ihr Pferd bleiben soll und schauen Sie nicht nach innen-unten auf den Boden. Denn dann fallen Sie im Oberkörper nach innen und würden Ihrem Pony unbewusst diese Bewegung vorgeben.
Probieren Sie aus, wie Ihr Pony reagiert und passen Sie die Hilfen gegebenenfalls Ihrem gemeinsamen und ganz persönlichen Kommunikationsmuster an.

Vorbereitung höherer Lektionen an der Hand

Alle Lektionen, die über einfache Wendungen und Gangartenwechsel hinausgehen, sollten möglichst an der Hand vorbereitet werden. Das so erarbeitete Repertoire wird dann auf die Arbeit am Langzügel übertragen, wo Ihre Einwirkungsmöglichkeiten begrenzter sind.

Für die Arbeit an der Hand verwenden Sie die Trense und den in beide Trensenringe eingeschnallten Zügel, zudem eine nicht zu kurze Gerte. Sie stehen auf Kopfhöhe neben Ihrem Pony. Wenn Sie auf der linken Hand arbeiten und sich also links des Ponys befinden, wird der Ihnen abgewandte (rechte) Zügel etwa auf Widerristhöhe über den Rücken in Ihre rechte Hand geführt. In dieser Hand liegt ebenfalls die Gerte, die auf Höhe des Kniegelenks parallel zum Ponykörper gehalten wird. Sie ersetzt den treibenden und stellenden Schenkel. Der Ihnen zugewandte linke Zügel wird knapp hinter dem Trensenring in Ihrer linken Hand gehalten. So ermöglicht er, das Pony in gewünschter Weise zu stellen.

Je mehr Sie in Richtung Ponykopf gehen beziehungsweise sich Ihrem Pony zuwenden, desto stärker bremsend wirken Sie ein. Ihr Blick und Ihr fester Schritt sollten nach vorn, in Bewegungsrichtung und auf einer klaren Linie führen. Achten Sie wie bei der Arbeit am Langzügel auf eine möglichst gleichmäßige Schrittlänge und -frequenz!

Daumen und Zeigefinger führen den Zügel. Je nachdem wie hoch oder tief Sie diese innere Hand führen, können Sie die Kopfposition Ihres Ponys variieren: tiefer geführt, wird das Pony veranlasst, Kopf und Hals mehr fallen zu lassen und sich zu lösen. In der höheren Position wirkt der innere Zügel bremsend und unterstützt die Versammlungsfähigkeit in einer Lektion.

Wenn Sie nun beispielsweise das seitliche Übertreten (mit der Hinterhand) auf der linken Hand erarbeiten möchten, führen Sie den Ponykopf mit Ihrer inneren (linken) Hand sanft in Richtung Bahnmitte auf den zweiten Hufschlag. Der äußere (rechte) Zügel begrenzt die rechte Ponyschulter nach außen und führt sie so ebenfalls nach innen. Der Ponykopf soll leicht nach innen, entgegen der Bewegungsrichtung gestellt sein. Die Gerte berührt nun das innere (linke) Hinterbein und veranlasst dieses so, seitlich auszuweichen, stärker unter die Körpermitte zu treten und mehr Last aufzunehmen. Dabei reicht es zunächst, wenn das Pony mit der Hinterhand leicht nach außen (nach rechts) ausweicht. Versuchen Sie keinesfalls, Ihr Pony mit der den äußeren Zügel führenden Hand nach außen zu drücken. Wie immer bei der Hilfengebung ist es sehr wichtig, impulsartig und konsequent einzuwirken. Ein kurzes Touchieren, das bei ausbleibender Reaktion wie-

Die Position von Gerte und Hand für die Seitwärtsbewegung.

> **3 Grundregeln für die Langzügelarbeit**
>
> ***1. Gehen Sie bei der Arbeit am Langen Zügel dicht hinter Ihrem Pony oder seitlich versetzt auf Höhe der Hinterhand! So ist die Verletzungsgefahr am geringsten und Ihre Einwirkungsmöglichkeit am größten.***
>
> ***2. Bauen Sie eine konstante, ruhige Verbindung über den Langzügel zum Ponymaul auf! Die Hilfengebung orientiert sich an derjenigen, die auch beim Reiten eine feine Einwirkung ermöglicht und dem Pony Anlehnung und Führung bietet: Der äußere Zügel rahmt das Pony ein und stabilisiert die äußere Schulter und Hinterhand durch Begrenzung nach außen. Der innere Zügel dient – höher gehalten – der Stellung und verhindert das Abfallen der inneren Schulter. Gerte und Stimme ersetzen ebenfalls ergänzend die Reiterhilfen.***
>
> ***3. Bleiben Sie fit! Langzügelarbeit ist anstrengend für den Trainer. Arbeiten Sie deshalb immer nur so lange und intensiv, wie es Ihnen gelingt, fein und leicht auf Ihr Pony einzuwirken und ihm mit festen Schritten in stabiler Körperhaltung zu folgen!***

derholt und gegebenenfalls verstärkt wird, ist dem dauernden Ausüben von Druck immer vorzuziehen! So erhalten Sie Ihr Pony aufmerksam, flott und sensibel. Auf diese Weise können Sie auch das Schulterherein und die Seitengänge an der Hand vorbereiten und erarbeiten. Die innere Hand ist dabei jeweils für die Stellung, die äußere für die Stabilität und Begrenzung der Ponyschulter nach außen zuständig.

Achten Sie darauf, genügend Abstand zum Pony herzustellen, damit Ihnen beiden jederzeit ausreichend Bewegungsfreiheit zur Verfügung steht und Sie sich nicht gegenseitig behindern. Dass Ihr Pony nicht in Ihre Privatsphäre eindringt, hat ferner mit Respekt zu tun. Wenn Sie durchparieren zum Halten, verwenden Sie ruhig ein bekanntes Stimmkommando und atmen Sie bewusst aus. Zum Antreten atmen Sie ein, erhöhen die Körperspannung, setzen das vertraute Stimmkommando ein, drehen die äußere Schulter nach hinten und führen Ihr Pony auf einer geraden Linie vorwärts. Gehen Sie entschlossen vorwärts und nehmen Sie Ihr Pony mit.

Übungsideen

Übergänge

Saubere Übergänge von einer zur anderen Gangart sind sehr wichtig für eine solide Kommunikation am Langzügel.

Zum Wechsel in eine höhere Gangart geben Sie Ihrem Pony am äußeren Zügel eine Parade, die es zu Aufmerksamkeit auffordert und es vorbereitet. Geben Sie vor allem am Anfang immer das bereits bekannte Stimmkommando für die gewünschte Gangart und lassen Sie gegebenenfalls die treibende Gertenhilfe folgen, indem Sie Ihr Pony an der Hinterhand touchieren. Die Gertenhilfe muss – vor allem am Anfang des Trainings! – prompt folgen. So angewendet, verhilft Sie Ihnen zu Respekt und einem aufmerksamen Pony. Am Langen Zügel ist es unmöglich, die Gerte dauernd als treibende Hilfe einzusetzen, ohne die Harmonie der gemeinsamen Arbeit insgesamt beträchtlich zu stören. Loben Sie es, sobald es in der richtigen Gangart ist.

Manche Ponys reagieren langsamer oder sind insgesamt stoischer. Bei ihnen ist es sehr wichtig, die einzelnen Trab- beziehungsweise Galoppreprisen kurz zu halten und ganz langsam die Anforderungen an

Ausdauer und Fleiß zu steigern. Geht es flott, genügen einige Schritte, vielleicht eine kurze Bahnseite. Dann parieren Sie wieder durch und belohnen es für sein Engagement. Steigern Sie die Länge der Trabreprisen sehr(!) behutsam. Es ist kein Beinbruch, wenn es erst nach zwei oder vier Wochen Training schafft, auch mal eine lange Bahnseite lang flott zu traben. Geben Sie Ihrem Pony genug Zeit, zu lernen, dass sich fleißiges Vorwärtsgehen lohnt. Wenn Sie stets ein bisschen zu viel abverlangen, wird sich dagegen sehr schnell Frust einstellen und Ihre Bemühungen bleiben erfolglos – wie diejenigen Ihres Ponys.

Vor allem zu Beginn der Ausbildung reißen manche Ponys in den Übergängen den Kopf nach oben und versuchen sich so den Hilfen zu entziehen. Ziel der Ausbildung sollte im Sinne eines harmonischen Gesamtbildes ein Pony sein, das sich im Maul »anfassen« lässt. Es soll also die Zügelhilfen durchlassen und vertrauensvoll ans Gebiss treten, statt sich dagegen zu wehren. Arbeiten Sie mit Paraden und einer weichen Hand, die sofort nachgibt, wenn das Pony dies ansatzweise tut. Hilfreich ist es, wenn Sie die Übergänge zunächst vor allem in der Wendung erarbeiten beziehungsweise das Pony in einer leichten Innen- oder Außenstellung gehen lassen. Dann ist es schwieriger, den Kopf aus der Bewegung heraus nach oben zu entziehen.
Gangartenwechsel frischen die Arbeit auf, halten Ihr Pony aufmerksam und fordern seine Konzentration. Später können Sie vom Halten antraben und angaloppieren und umgekehrt. All das muss aber sorgfältig erarbeitet werden und mit sparsamen Hilfen möglich sein. Nur so entsteht am Langzügel ein harmonisches Bild.
Bei der so genannten Schaukel parieren Sie das Pony aus dem Trab heraus durch zum Anhalten und richten es anschließend sofort rückwärts ...

Ein korrekt gestelltes Pony geht automatisch am Zügel.

... aus dem Rückwärts traben Sie erneut an. Diese Lektion schult neben der Feinabstimmung der Hilfen auch die Versammlungsfähigkeit sowie die Schubkraft aus der Hinterhand.

Volten und Achten

Kleinere Volten und später Achten, die also einen Handwechsel in ihrem Mittelpunkt verlangen, dienen der Gymnastizierung und Vorbereitung auf schwierigere Lektionen und die Seitengänge.
Lassen Sie das Pony geradeaus auf der äußeren Bahn Ihres Reitplatzes oder Longierzirkels gehen. Oder, wenn Sie im Gelände üben, suchen Sie sich einen Orientierungspunkt, der den Ausgangs- und Endpunkt bildet. Zum Einleiten der Volte führen Sie den inneren (wenn Sie nach rechts abwenden wollen, also rechten) Zügel nach oben oder innen. Unterstützend können Sie eine verstärkende Parade durch Eindrehen der Hand geben. Ihr Pony wird mit fortschreitender Übung immer leichter in die Biegung gehen und nicht mehr dauernd korrigiert werden müssen – das ist eine Frage des Gleichgewichts und der Kräftigung.

Üben Sie auch im Gelände.

Die Schaukel: Anhalten aus dem Trab, Rückwärtsrichten und erneut antraben.

Ihren Oberkörper drehen Sie so in Bewegungsrichtung, dass Ihre innere Schulter sich zurück, die äußere nach vorn bewegt. So erhalten Sie den Zügelkontakt aufrecht und erlauben Ihrem Pony die Biegung in Bewegungsrichtung.
Neben diesen durch die Zügel gegebenen Hilfen vergessen Sie nicht, selbst in die Richtung zu schauen, in die Sie nun mit Ihrem Pony gehen möchten! Das gilt vor allem bei einem Handwechsel, wie er in der Acht erfolgen muss. Stellen Sie sich vor, Ihre Schulterbewegung gibt Ihrem Pony vor, wie es sich selbst auf der Kreisbahn bewegen soll.

Bei der Acht stellen Sie das Pony bei halb vollendeter Volte um. Der vorher äußere Zügel wird zum inneren und sorgt für die Stellung. Der vormals innere Zügel wird zum äußeren und begrenzt, die Gerte wechselt nötigenfalls die Seite.
Mit diesem Hilfenschema können Sie beliebig jede andere Bahnfigur in Ihr Programm einbeziehen. Immer gilt: der äußere Zügel begrenzt, der innere Zügel gibt die Stellung an, Gerte und Stimmhilfe unterstützen die Zügelführung.

Seitengänge

Für alle Seitengänge am Langen Zügel gilt, dass sie zunächst an der Hand verständlich gemacht werden sollten, langsam und schrittweise entwickelt werden müssen, damit sich keine Fehler und Verspannungen einschleichen oder die Bewegungen ins Stocken geraten, und Verschnaufpausen für Verständnis und Harmonie insgesamt unerlässlich sind. Zudem muss der korrekten Vorwärtsbewegung stets mehr Bedeutung zugemessen werden als der Stellung! Achten Sie darauf, gerade in Bewegungsrichtung mitzugehen und nicht mit dem Blick an den Pferdebeinen zu »kleben«. Gehen Sie in ruhigen, gleichmäßigen Schritten.

Das ***Schulterherein*** ist eine der Schlüssellektionen der klassischen Reitkunst, weil es das Pferd optimal kräftigt und gymnastiziert, aber auch zeigt, ob das Pferd bereits gut auf die Hilfen reagiert.
Das Pferd soll von vorn betrachtet leicht gegen die Bewegungsrichtung gestellt und in leichtem Abstellwinkel zur Bahnbegrenzung auf drei, beziehungsweise vier Hufspuren gehen.

Den Oberkörper in Wendungen in Bewegungsrichtung drehen.

Achtung

Bevor Sie Volten und Achten nicht sauber beherrschen, sollten Sie von Seitengängen die Finger lassen. Betrachten Sie dies also als Basislektion, denn Sie erarbeiten hiermit die Nachgiebigkeit im Genick und damit die Längsbiegung, sowie das technisch saubere Umstellen. Ihr Pony wird dadurch zunehmend geschmeidig und durchlässig für Ihre Hilfen. Es lernt, mit der Schulter der Bewegung des Kopfes zu folgen und nur wer die Schulter seines Ponys am Langen Zügel kontrollieren kann, kontrolliert tatsächlich Bewegungsrichtung und Biegung. Erst wenn das sicher klappt, können Lektionen begonnen werden, bei denen das Pony gegen die Bewegungsrichtung gestellt ist – die Schulter gibt dann immer noch die Richtung vor. Das wiederum ist die Basis für alle Lektionen, bei denen es darauf ankommt, das Becken des Ponys in eine beliebige Richtung zu bewegen, wie es für jede Form von Seitengängen unerlässlich ist.

Bei einem Schulterherein auf vier Hufschlägen tritt keines der Hinterbeine in die Spur der Vorderhufe, sondern leicht versetzt daneben. Beim Schulterherein auf drei Hufschlägen, wie Sie es zunächst anstreben sollten, setzt das Pferd, rechts herum gehend, seinen rechten Hinterhuf in die Spur des linken Vorderhufes.

Um das Pferd am Langen Zügel zum Weichen der Hinterhand zu veranlassen, lassen Sie es zunächst zum Beispiel auf der linken Hand entlang einer Begrenzung gehen. Diese ist zu Beginn als Orientierung für Sie und Ihr Pony wichtig. Sie leiten die Übung ein, indem Sie Ihr Pony – die äußere Leine begrenzend am Körper angelegt, innere Leine gibt die Stellung durch Höhernehmen und nötigenfalls mit kleinen Paraden an – in Richtung Bahnmitte abwenden lassen. Nehmen Sie die Gerte nach innen, um Ihr Pony weiter entlang der Bahn zu halten. Der äußere, rechte, Zügel steht begrenzend an. Der innere, linke, sorgt für die nötige Stellung nach innen, die aber nicht zu stark sein darf. Vor allem am Anfang ist es vielleicht nötig, dass Sie mit der Gerte an der inneren Seite treibend einwirken, damit das Pony nicht auf die Volte abbiegt beziehungsweise ausreichend seitlich abgestellt geht. Am Sprunggelenk angesetzt, sorgt sie dafür, dass das innere Hinterbein genug unter den Körper gesetzt wird. Die Notwendigkeit des Gerteneinsatzes hängt jedoch von Ausbildungsstand, Geschmeidigkeit und Temperament des Ponys ab. Im Sinne eines harmonischen Gesamtbildes, sollte die Gerte als Unterstützung möglichst bald entbehrlich sein! Für alle Seitengänge ist Schwung das A und O. Eher stürmische Vertreter erlernen die Seitengänge

v.l.n.r.: Schulterherein · Travers · Traversale

am Langzügel im Schritt. Andernfalls müssten Sie das Pony durch dauernden Zügelzug versuchen zu bremsen. Schwung bedeutet nicht, loszurennen, sondern sich kraftvoll federnd vom Boden abzustoßen. Dazu braucht es eine aktive, kräftige Hinterhand, die durch alle Arten von Seitengängen gefördert wird, so man sie korrekt erarbeitet.

Das ***Travers*** sollte erst geübt werden, wenn das Schulterherein bereits im Trab problemlos klappt. Auf einer geraden Linie, für den Anfang am besten der Hufschlag entlang einer Begrenzung, geht das Pony in einem Winkel von ca. 30°. Das Travers wird auf vier Hufschlägen ausgeführt, so müssen sich Vorder- und Hinterbeine deutlich kreuzen.
Im Gegensatz zum Schulterherein wird hier die Hinterhand zur Bahnmitte hin gestellt. Die Vorhand des Ponys bleibt auf der geraden Linie. Gehen Sie für diese Lektion vorzugsweise auf dem Hufschlag, zwischen Bande und Pony auf Höhe der Kruppe mit.
Die ***Traversale*** ähnelt dem Travers, wird jedoch entlang einer diagonalen Linie durch das Viereck ausgeführt. Das Pony ist in Bewegungsrichtung gestellt und gebogen und muss Vorder- und Hinterbeine überkreuzen.

4.2. Zugarbeiten mit Ponys

Das Ziehen von (selbstgebauten) Geräten ist eine gute Vorübung auf dem Weg zum eigenen Kutschpony und vielleicht finden so alle Familienmitglieder einen Draht zur Arbeit mit dem Pony im Allgemeinen.

An welchen Orten?

Arbeiten können Sie überall, wo der Boden es zulässt. Beginnen Sie jedoch wie üblich auf dem gewohnten und vor allem abgesperrten Terrain – das gibt auch Ihnen selbst Sicherheit.

Mit welcher Ausrüstung?

Grundsätzliches Equipment ist eine Konstruktion, die das Ziehen von Lasten ermöglicht, eine Trense, eine Leine, ein Ortscheit und ein Zuggerät.

Für größere und schwere Lasten ist die Anschaffung eines passenden Brustblattgeschirrs unerlässlich. Bei diesem Geschirr wird die Zuglast auf das sogenannte Brustblatt verteilt, das oberhalb des Buggelenks zu liegen kommt.

Für die Amateurarbeit mit dem Pony, so wie wir sie betreiben wollen, muss kein allzu teures Geschirr erstanden werden. Wichtig ist lediglich, dass die Nähte gut verarbeitet, das Leder geschmeidig und nicht brüchig ist und Ihrem Pony das Ganze gut passt. Bei guter Pflege können Sie die Haltbarkeit beträchtlich verlängern: Befreien Sie das Leder regelmäßig von Schlammspritzern und Schmutzkrusten, die sich bei intensiver Nutzung auf dem Material festsetzen. Ein- bis zweimal im Jahr sollten Sie das gute Stück einfetten – öfter jedoch nicht. Besser ist die regelmäßige Behandlung mit Wasser und einer rückfettenden Sattelseife.

Für kleinere Zuglasten und den Beginn des Trainings reicht eine improvisierte Konstruktion aus einem Longiergurt, einem Sattelgurt und einem soliden Baumwollstrick, dazu ein paar Zugstränge aus Hanf oder Sisal. Achten Sie auf ein Material, das nicht zu leicht ist und sich somit schnell um die Pferdebeine wickeln und zu Unfällen und Verletzungen führen kann. Legen Sie Ihrem Pony den Longiergurt an und befestigen Sie den Sattelgurt seitlich in den mittleren Ringen des Gurtes. Der Sattelgurt muss oberhalb des Buggelenks liegen, am Übergang zwischen Hals und Brust. Sie können ihn mit einem Gurtschoner aus Schaf- oder Synthetikfell abpolstern. An denselben Ringen des Longiergurtes und an dem als Brustblatt verwendeten Sattelgurt befestigen Sie die Zugstränge, an deren Ende die Zuglast angehängt wird.

Bei allen Geschirren gilt, dass die Zugstränge so lang sein müssen, dass das Pony auch größere Schritte machen kann, ohne mit den Hinterbeinen mit der Zuglast in Kontakt zu kommen. Andererseits dürfen die Stränge nicht zu lang sein, denn sonst kann sich das Pony leicht darin verfangen. Zudem wird bei einem zu langen Zugstrang die Kraft des Ponys nicht optimal ausgenutzt – es hat eine viel größere Anstrengung zu unternehmen, um das Zuggewicht zu bewegen.

Als Kopfstück empfiehlt sich zum Lenken von hinten unbedingt eine Trense. Nur hiermit ist eine optimale Einwirkung tatsächlich gewährleistet und die nötige Sicherheit gegeben.

Die Leine sollte so gefertigt sein, dass das Material gut in der Hand liegt und eine geschmeidige, aber präzise Kommunikation mit dem Pferdemaul möglich macht. Hier bieten sich handelsübliche Fahrleinen aus Leder an oder sogenannte Arbeitsleinen aus Hanf, Gurtmaterial oder Sisal, die stets griffig bleiben. Allerdings sind diese Leinen oft zu lang für die Arbeit mit Minis, so dass deren Enden unpraktisch in der Hand lasten. Lassen Sie sich solche Arbeitsleinen kürzen.

Zwischen Zugsträngen und Zuglast sollte unbedingt noch ein Ortscheit zwischengeschaltet werden. Dieses Mittelstück geht mit den Bewegungen des Pferdes mit und ermöglicht so, Kurven und gebogene Linien zu gehen trotz Zuglast. Denn wegen der Bewegung der Pferdebrust beim Gehen würde das Brustblatt ohne ein bewegliches Ortscheit dauerhaft reiben und die starren Zugstränge die Bewegung stark einschränken.

Mit welchen Voraussetzungen?

Wie erwähnt, muss Ihr Pony mit der Arbeit an der langen Leine so vertraut sein, dass es sich problemlos führen und dirigieren lässt, ohne dass Sie panische oder unsichere Reaktionen von ihm zu erwarten haben. Es muss vertrauensvoll mitarbeiten und die Grundkommandos wie Halten, Stehenbleiben, Losgehen und Wenden sicher beherrschen.

Das Brustblattgeschirr.

Zudem ist es sehr wichtig, dass Sie Ihrem Pony scheinbar Gefährliches, das Ihnen in Ihrer Arbeitsumgebung begegnen kann, im Scheutraining vertraut gemacht haben. Gehen Sie diese neue Herausforderung also erst an, wenn Sie ein gutes Bauchgefühl mitbringen.
Vorsicht geboten sei nur bei sehr temperamentvollen Ponys, die vor ihrem eigenen Übereifer geschützt werden müssen, da sie dazu neigen, sich allzu sehr zu verausgaben.

Welches ist das Grundprinzip?

Das Pony zieht kleinere Lasten – eine spaßige Bereicherung des Alltags, die zudem noch praktischen Nutzen aufweist. Verschiedene Zuggeräte werden also vom Pony gezogen, um Kindern eine Freude zu bereiten, die Weiden oder den Reitplatz zu bearbeiten oder auf das Kutschefahren vorzubereiten.

Wie gehe ich vor?

Drei Aspekte müssen am Anfang des Trainings stehen: Ein gutes Körpergefühl, Furchtlosigkeit gegenüber Berührungen des Körpers und insbesondere der Hinterbeine sowie – im Gegensatz zum bisher Gelernten – das Arbeiten entgegen dem Druck.
Diese Grundvoraussetzungen müssen Schritt für Schritt und ganz behutsam erarbeitet werden, damit das Pony ausschließlich positive Erfahrungen im Zusammenhang mit dem Ziehen abspeichern kann. Das Ziehen an sich wird eingebettet in eine Reihe von neuen Übungen und damit für Ihr Pony ein Schritt von vielen sein, der nichts Erschreckendes mehr an sich hat.

Zunächst machen Sie Ihr Pony durch streichende Berührungen seiner Körpermaße bewusst. Da das Pferd, im Gegensatz zum Menschen, nicht in der Lage ist, jeden Teil seines Körpers zu erreichen und es seine Umgebung nur in einem kleinen Ausschnitt wirklich scharf sehen kann, haben viele Pferde Scheu vor allem, was sich von hinten nähert, ihre Hinterhand berührt oder sie verfolgt. Es ist der Instinkt des Fluchttiers, diese scheinbare Bedrohung abschütteln zu wollen.
Zielführend für die Wahrnehmung und Koordination des gesamten Körpers sind kreisende Streichungen und Massagen mit der Hand (zum Beispiel TTouches) sowie die Bodenarbeit, die dieser neuen Arbeit des Ziehens vorausgegangen sein sollte.

Nutzen Sie die verschiedensten Gegenstände wie Eimer, Plastiktüten, Lappen, Stricke und Ketten mit denen Sie die Hinterhand des Ponys abklappern, -rascheln und -tasten.
Für die ganzheitliche Erfahrung des Körpers und der Akzeptanz von Berührungen durch Stricke und Riemen ist es sinnvoll, Ihr Pony in eine Longe oder ein weiches Seil einzuwickeln.
Nach diesen Übungen müsste Ihr Pony bereits gut auf das Anlegen der Ausrüstung vorbereitet sein. Achten Sie darauf, dass das Brustblatt, also jener Teil

rechts von oben nach unten: Gewöhnen Sie das Pony an Berührung durch verschiedene Gegenstände, Seile und an die Zuglast.

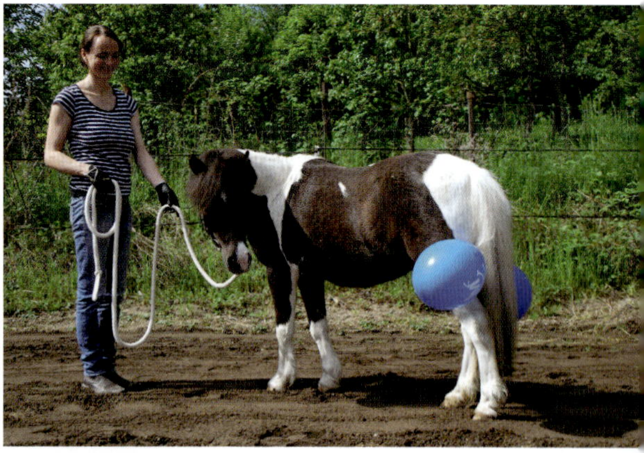

des Geschirrs, der das Gewicht der Zuglast auf das Pferd überträgt, oberhalb des Buggelenks liegt.

Um Ihr Mini an diese Ausrüstung zu gewöhnen, können Sie einige Übungen der Bodenarbeit mit den befestigten Zugsträngen wiederholen. Diese werden in der Biegung das äußere Ponybein berühren. Das ist zunächst ungewohnt, je weniger Sie diesem Umstand jedoch selbst Aufmerksamkeit schenken und je selbstverständlicher Sie sich eher auf die Aufgabenstellung der Bodenarbeit konzentrieren werden, desto schneller wird Ihr Pony diese Berührung als belanglosen Begleitumstand betrachten.

Für den nächsten Schritt brauchen Sie die Hilfe einer zweiten Person, denn nun muss Ihr Pony zuerst an das Ortscheit hinter ihm und dann an das Gewicht einer Zuglast gewöhnt werden.

Das Ortscheit wird als Erstes angebracht und von der Hilfsperson festgehalten (befestigen Sie dazu einen Strick an der mittleren Öse des Ortscheits). Nichts ist traumatischer als Zugstränge, die sich um die Pferdebeine wickeln, weil das Ortscheit nicht richtig festgehalten wurde! Gehen Sie einige Runden, bis Ihr Pferd sich trotz der neuen Situation entspannt. Dann können Sie schon wagen, Gewicht auf das Brustblatt zu geben, indem Ihre Hilfsperson sich mitziehen lässt.

Erst wenn diese Trockenübungen problemlos verlaufen sind, wird das erste Gewicht angehängt. Das sollte ein möglichst ungefährlicher Gegenstand wie ein alter Autoreifen oder ein gefüllter Sandsack sein. Die erste Zuglast wird zunächst von einer zweiten Person in Schach gehalten – für den Fall der Fälle.

3 Grundregeln für Zugarbeiten mit Ponys

- ***1. Bereiten Sie Ihr Pony sorgfältig vor!*** *Bevor Sie ein Pony vor eine (selbstkonstruierte) Weideschleppe spannen, sind intensives Scheutraining und Zugtraining mit ungefährlichen Objekten unabdingbar.*
- ***2. Je schwerer die Zuglast ist, desto wichtiger ist eine solide Ausrüstung.*** *Für einen kleinen Hörnerschlitten kann je nach Größe des Ponys ein einfaches, selbstgebautes Geschirr (das nicht einschneidet und stabil ist!) ausreichend sein. Eine Weideschleppe dagegen darf ein Pony nur mit einem gut passenden Geschirr ziehen.*
- ***3. Trainieren Sie Ihr Pony sorgfältig mit Stimmkommandos!*** *Im Zweifelsfall können Sie ein Pony, das scheut und sich durch ein herumschleuderndes Zuggerät in Gefahr bringt, nicht ohne solides Ausbildungsfundament zum Stehen bringen.*

Üben Sie das Ziehen zuerst auf dem Platz, später auch bei kleinen Spaziergängen. Wichtig ist, dass Sie Ihr Pony nach und nach selbstständig von hinten lenken können. Bei jeder neuen Zugübung gehen Sie zwar auf Kopfhöhe neben Ihrem Pony her (ein Helfer hat dabei ein Auge auf das Zuggerät). Ziel ist es jedoch, die Situation selbstständig von hinten kontrollieren zu können. So haben Sie dann Pony und Zuggerät im Blick.

Anders als bei der Arbeit am Langzügel muss hier nicht dauerhaft Zügelkontakt bestehen. Dennoch dürfen die Leinen nicht zu lang sein, sonst ist eine schnelle Reaktion nicht möglich, wo sie vielleicht nötig wäre. Gelenkt wird durch Paraden am jeweils richtungsweisenden Zügel, die sofort nachgeben, wenn das Pony sich in die richtige Richtung bewegt. Ganze Paraden veranlassen zum Anhalten.

Übungsideen

Unheimliche Zuggeräte

Klappt das Ziehen von einfachen Autoreifen und Säcken, so können Sie sich und Ihr Pony vor neue Herausforderungen stellen, die Ihrem Pony Sicherheit und (Selbst-)Vertrauen schenken können.
So können sie zum Beispiel Flatterbänder an seinen Schweif oder den Reifen binden, Ihr Pony eine Plane ziehen lassen, klappernde Dosen am Ortscheit befestigen oder einen Eimer. Alle diese Gegenstände werden Ihr Pony wohl zunächst verunsichern, weil sie scheppern und sich unkoordiniert bewegen. Fasst Ihr Pony aber Vertrauen in diese neue Arbeit mit Ihnen, wird es bald alles Mögliche ziehen können, ohne sich beirren zu lassen.
Regt sich Ihr Pony dennoch immer wieder auf und reagiert häufiger panisch, sollten Sie von dieser Art des Trainings Abstand nehmen. Es bringt nichts, sich und das Pony in Gefahr zu bringen. Hier ist das Eingreifen eines Profis oder der Verzicht in jedem Falle sinnvoller.

Geschicklichkeitsübungen

Um die Geschicklichkeit Ihres Arbeitsteams zu trainieren, können Sie sich – einen Autoreifen oder einen kleinen Baum angehängt – an kleineren Hindernissen versuchen. So können Sie zum Beispiel aus Pylonen einen Slalomparcours aufbauen. Das ist schwieriger, als es zunächst klingt und Sie müssen sich auf den Weg, Ihre eigenen Füße und das Zuggerät konzentrieren, damit nichts ins Stolpern gerät. Bei einem Slalom, auf einer Wiese zum Beispiel, können Sie üben und lernen, wie weit Sie ausholen müssen, damit die Last ebenfalls problemlos um das Hindernis kommt.

Weideschleppe

Eine einfache Weideschleppe, um die Pferdeäpfel auf der Weide zu verteilen, Ihren Sandplatz oder Paddock zu ebnen oder ähnliche einfache Arbeiten zu verrichten, lässt sich recht einfach selbst herstellen.

Bei einem Pony von kleiner Größe benutzen Sie drei, maximal fünf alte Autoreifen am Ortscheit.Die Autoreifen müssen in einer Dreiecksform zueinander angeordnet und miteinander durch stabile Seile oder Ketten verbunden sein (siehe Bild Seite 83).

In der ersten Übungsstunde sollte ein Helfer die neue Schleppe noch mit einem daran befestigten Seil festhalten. So können Sie verhindern, dass sich das Pony mit den Hinterbeinen in den Seilen oder im Zuggerät verfängt, wenn es doch mal erschrecken oder ausscheren sollte.

4.3. Kutschefahren

Es würde den Rahmen dieses Buches sprengen, wenn ich an dieser Stelle das Fahren einer Kutsche in seiner ganzen Vielseitigkeit und Kunstfertigkeit beleuchten wollte. Deshalb werde ich mich darauf beschränken, das freizeitmäßige Fahren in seinen Grundzügen vorzustellen und einen Einblick zu geben, der in Ihnen vielleicht das Interesse an diesem Hobby weckt und einen Vorgeschmack bietet. Jedem ambitionierten und verantwortungsbewuss-

Auf öffentlichen Straßen muss sichergestellt sein, dass das Fahrzeug über eine Trommelbremse, Katzenaugen an der Rückseite und eine ausreichende Spurbreite verfügt.

Die Weideschleppe.

Zweispännig fahren an der Hand – eine gute Vorbereitung auf die Kutsche.

ten (Freizeit-)Kutschfahrer lege ich ans Herz, einen Lehrgang und die Prüfung zum DFA IV zu besuchen. Das hat nichts mit Turniersport zu tun, sondern bietet die Möglichkeit, die Grundlagen mit erfahrenen, gut ausgebildeten Pferden und einem Fachmann zu erlernen. Ein guter Ausbilder legt vor allem Wert auf die Beherrschung des Gespanns im Straßenverkehr, wo meist auch die praktische Prüfung abgelegt wird. Versicherungen schreiben das Abzeichen zwar meist nicht vor, aber im Falle eines Unfalls wollen Haftpflichtversicherungen in der Regel einen Sachkundenachweis sehen, welches das DFA IV darstellt. Beim Lenken einer Kutsche durch den Straßenverkehr haben Sie nicht nur Verantwortung für sich, Ihr Pony und Ihren Beifahrer, sondern auch für alle anderen Verkehrsteilnehmer. Wenn Sie auf öffentlichen Straßen fahren wollen, muss die Kutsche nach ihrer Herstellung einer TÜV-Überprüfung unterzogen worden sein. Ist die Kutsche ein deutsches Fabrikat, so ist dies in der Regel gewährleistet.

An welchen Orten?

Kutsche fahren können Sie natürlich überall dort, wo es Ihre Kutsche zulässt. Beginnen Sie auf ruhigen Wegen und muten Sie sich eine viel befahrene Straße erst zu, wenn Sie beide schon ein sehr gutes Team sind: Das ist etwas für Profis!
Bei der Teilnahme am Straßenverkehr müssen Sie natürlich die Regeln der StVO beachten. Dabei wird die Verkehrstüchtigkeit des Fahrzeugs vorausgesetzt.

Mit welcher Ausrüstung?

Die Frage der richtigen Ausrüstung beim Kutschefahren hängt davon ab, in welche Richtung Sie gehen möchten: ob einfach vergnügte Spazierfahrten, rasante Touren durch Wald und Flur oder zum Beispiel ästhetisch ansprechendes Dressurtraining. Man sollte sich über die verschiedenen Modelle und Einsatzmöglichkeiten von Kutschen und Geschirren sorgfältig informieren und seinen Neigungen (und denen Ihres Ponys) gemäß entscheiden.
Die Auswahl beginnt bei der Entscheidung, ob ein Ein- oder Zweiachser angeschafft werden soll. Einachsige Fahrzeuge eignen sich dann, wenn Sie nur allein oder maximal zu zweit (was nicht bei allen Ausführungen möglich ist) ausfahren möch-

ten. Denn diese bieten nur eine einfache Sitzbank oder, wie beim Sulky, einen Sitz. Ein ***Gig*** ermöglicht normalerweise auch Fahrten über Stock und Stein.
Der Nachteil der einachsigen Kutschentypen ganz allgemein ist, dass sich jede Bewegung des Fahrzeugs zu 100 Prozent auf den Rücken des Pferdes auswirkt, da, anders als bei Zweiachsern, kein Ortscheit zwischengeschaltet ist, sondern die Schere mit den Londen (jene Stangen, mit denen das Pony zieht) fest am Gefährt befestigt ist. Das Pony ist damit die dritte Stütze zur Stabilisierung der Kutsche. Deswegen ist dringend anzuraten, nach einer Ausführung Ausschau zu halten, die über eine sogenannte Anzenfederung verfügt. Diese Federung wirkt als Stoßdämpfer und schont langfristig den Ponyrücken. Beim Kauf eines Einachsers setzen Sie am besten jemanden auf den Bock und heben die Londen an – so hoch, wie sie bei Ihrem Pony liegen müssten (vorher messen oder Pony mitnehmen!). Dann sollten Sie so gut wie keine Last spüren. Die Londen sollten außerdem auf die Ponygröße einstellbar sein, vor allem wenn man das Gefährt für verschieden große Ponys nutzen möchte.
Ein weiterer Nachteil einachsiger Kutschen ist, dass aufgrund des Fehlens eines Drehkreuzes jede Richtungsänderung unmittelbar aufs Gefährt auswirkt und diese Wagen somit um ein vielfaches kippgefährdeter sind als Zweiachser. Achten Sie daher auf einen möglichst breiten Radstand!
Vorsicht bei ***Sulkys!*** Dieses Pferdefuhrwerk ist, entsprechend seiner ursprünglichen Verwendung im Trabrennsport, in Leichtbauweise hergestellt und besteht somit aus einem Minimum an Teilen. Hier haben Sie lediglich einen Sitz zur Verfügung und normalerweise keine Bremse (maximal einen Behelf). Das ist für die Verwendung in der freien Natur deutlich zu gefährlich! Das Pony soll mit dem Hintergeschirr selbst den Wagen bremsen. Sobald es jedoch bergab geht, bekommt auch ein leichtes

Gehen Sie bei der Wahl der Leinen niemals ein Risiko ein und verwenden Sie ausschließlich qualitativ hochwertige Ware – zu erkennen an der Naturfarbe.

Gefährt Schwung und Gewicht. Für den Straßenverkehr sind Sulkys nicht zugelassen, da man hier mindestens eine Feststellbremse braucht. Alles andere wäre auch grob fahrlässig.
Für das Fahren auf Wegen, die der Kutsche Stabilität abverlangen, empfehlen sich sogenannte Marathon- beziehungsweise Trainingswagen. Diese Fahrzeuge bieten Bei- und Mitfahrern Platz und werden bei Wettbewerben im Gelände eingesetzt.

Luft- oder Ballonbereifung ist für den Einsatz im Gelände aus Gründen der Bequemlichkeit unbedingt zu empfehlen und ab 2013 auch auf Turnieren der Klasse E und A in allen Prüfungen zugelassen.
Speziell bei Ponykutschen ist viel Schund auf dem Markt. Auf jeden Fall sollten Sie auf einen ausreichend breiten Radstand von 1 m, besser 1,30 m, bei tiefem Schwerpunkt achten. Bei vielen Shettykutschen sind Vorder- und Hinterachse zu dicht bei-

Bei den Fahrgebissen unterscheidet man die Doppelringtrense, die Liverpoolkandare und die sogenannte Postkandare.

einander. Hakenschlagenden Ponys sind diese nicht gewachsen – die Kutsche kippt über die eigene Achse. Die Kutsche muss so kippsicher wie möglich sein, schon der kleinste Unfall kann das Ende eines sicheren Ponys bedeuten. Und panische Minis entwickeln Bärenkräfte.

Bedenken Sie immer, dass zum Gewicht der Kutsche noch das der mitfahrenden Personen hinzukommt. So sollte die Kutsche selbst m. E. nicht mehr als 150 kg (maximal aber 200 kg) wiegen!

Es stellt sich die Frage nach dem geeignetsten ***Geschirr***. Für den Anfänger wie den freizeitmäßigen Fahrer eignet sich die Anschaffung eines Brustblattgeschirrs. Der Vorteil ist, dass es sich ohne großen Aufwand an jedes Pony anpassen lässt. Der Nachteil im Vergleich zu einem Kumt ist die geringere Fläche, auf die die Zugkraft übertragen wird.

Ein Kumt sieht dagegen eleganter aus und verteilt die Zugkraft gleichmäßig auf den starken Schulterbereich. Doch dieses Geschirr muss gut angepasst sein. Wenn es nicht passt, drückt es an allen möglichen Stellen im Hals und Schulterbereich. Es kommt zu Druckstellen und alle Vorteile des Kumtes sind dahin. Ein Marathonkumt oder auch Französisches Kumt ist hier eine gute Alternative und hat den Vorteil von beiden Zugvarianten. Aber auch dieses wird am besten von einem erfahrenen Fahrer in der Größe angepasst.

Wie ein Sattel muss seine Passform immer überprüft werden, denn die Muskulatur des Pferdes ist naturgemäß Schwankungen unterworfen – etwa nach einer Krankheit, intensivem Training oder einer gehaltvollen Weidesaison.

Die ***Leinen*** sollen unbedingt aus geschmeidigem, aber stabilem Leder sein und gut in der Hand liegen. Neben den Zugstängen sind die Leinen die Lebensversicherung für den Fahrer. Minderwertiges Material ist keinem Regen gewachsen, leiert aus und wird weniger griffig. Griffsicherheit ist zudem nur bei ausreichender Dicke der Leinen gewährleistet: auch bei einem Ponygeschirr sollte die Leine nicht weniger breit als 25 mm und nicht weniger dick als 3,5 mm sein.

Und dem Maul Ihres Ponys zuliebe sollten Sie sich bei der Wahl eines ***Gebisses*** unbedingt für ein Stangengebiss oder eine Fahrkandare entscheiden. Wichtig ist, dass sich das Gebiss nicht seitlich aus dem Maul ziehen lässt.

Mit welchen Voraussetzungen?

Die Voraussetzungen für ein sicheres und kooperatives Fahrpony haben Sie bereits mit Ihrem bisherigen Training gelegt: Es hat bereits das Scheutraining kennen gelernt, es kennt die Umgebung und ihre Tücken von gemeinsamen Spaziergängen, die Leinenführung von der Arbeit an der langen Leine und hat bereits gelernt, Gewichte und Zuggeräte zu ziehen.

Zudem haben Sie sich ein vertrauensvolles und eingespieltes Miteinander angeeignet, für das es keine Grenzen gibt.

Welches ist das Grundprinzip?

Beim Fahren von der Kutsche aus kommunizieren Sie über die Leinen mit Ihrem Pony. Dazu kommt der Stimmeinsatz. Ihr Pony zieht das Gefährt und Sie sicher durch Natur und Dorf.

Wie gehe ich vor?

Das im Kapitel zur Arbeit mit Ponys beleuchtete Leinen- und Zugtraining bereits vorausgesetzt, wäre die weitere lehrbuchmäßige Vorgehensweise das Anspannen Ihres Eleven in einem Zweispänner zusammen mit einem älteren, erfahrenen Kutschpferd – dem sogenannten Lehrmeister.

Das Lehrpferd gibt dem Neuling Sicherheit und Ihr Pony könnte sich zunächst ganz an ihm orientieren, bis es allein gehen kann.

Da der Vorzug eines Lehrpferdes nur den Wenigsten vergönnt ist, sind wir meist darauf angewiesen, unser Pony so gut als möglich vorbereitet zu haben und es allein zu versuchen. Um an dieser Stelle auch mal eine Lanze für das erste Einspannen als Einspänner zu brechen: Nicht jedes Pony, das gut und sicher im Zweispänner läuft, tut dies auch als Einspänner. Einigen ist die alleinige Zugarbeit zu anstrengend oder sie regen sich auf, weil der gewohnte Partner nicht dabei ist. Anders herum geht das schon eher. Für die ersten Fahrten mit dem Pony könnte man versuchen, seinen Ausbilder aus dem Fahrkurs zu gewinnen, der Pony und Fahrer gekonnt zusammenbringen kann. Eine richtige oder falsche Art gibt es nicht, aber man sollte über beide Varianten nachdenken.

Gewöhnen Sie Ihr Pony an die komplette Ausrüstung und zeigen Sie ihm mehrmals und in Ruhe sein neues Arbeitsgerät.

Einfahren des jungen Pferdes mit einem Lehrmeister.

Zum Einspannen am ***Einspänner*** muss das Pony zwischen der sogenannten Schere gehen. In diese wird das Pony durch Rückwärtsrichten richtig positioniert. Dann wird die Schere am Geschirr (Trageriemen) befestigt. Sie können bei einem leichten Modell die Kutsche an das ruhig stehende Pony heranziehen, bis es in der Schere steht.

Spannen Sie immer zu zweit an! Gehen Sie dabei in aller Ruhe und kleinen Schritten vor, damit es zu keinen Verletzungen oder Verunsicherung kommt. Das »Einparken« üben Sie am besten viele Male vor dem ersten Anspannen und loben jeden Schritt in die richtige Richtung mit einer kleinen Denkpause.

Sie sehen also, dass es ohne eine Hilfsperson vor allem am Anfang unmöglich ist, anzuspannen. Sie muss während des ganzen Einspannens am Kopf des Ponys stehen und es im Auge behalten. Es wäre auch bei einem lieb stillstehenden Pony zu gefährlich auf diese Hilfsperson zu verzichten, denn im Falle eines Falles sind Sie mit Pony, Kutsche, Leinen und Geschirr völlig überfordert allein.

3 Grundregeln für das Kutschefahren

■ *1. Fahren Sie nicht allein! Im Falle einer brenzligen Situation oder gar eines Unfalls können Sie niemals allein Kutsche und Pony kontrollieren. Das gilt auch für das bravste Zugpony.*

■ *2. Fahren Sie ausschließlich mit einer TÜV-geprüften, sorgfältig verarbeiteten Kutsche! Marke Eigenbau kann lebensgefährlich für Pony und Kutscher werden. Wenn Sie am Straßenverkehr teilnehmen wollen oder müssen, muss Ihre Kutsche ohnehin den Sicherheitsstandards der StVO entsprechen.*

■ *3. Achten Sie auf eine besonders sorgfältige Grundausbildung Ihres Ponys, die Wert auf absolute Geländesicherheit und Gehorsam (vor allem auf Stimmkommandos) legt! Wenn Sie sich nicht zu hundert Prozent auf Ihr Pony verlassen können, lassen Sie die Finger vom Kutschieren oder nehmen Sie die Hilfe eines professionellen Trainers in Anspruch!*

Die Schere wird also zuerst befestigt. Danach werden die Zugstränge ins Ortscheit gehängt. Das Pony ist nun ungewöhnlich stark in seinem Bewegungsfreiraum eingeengt. Spannen Sie es ruhig an den vier der ersten Fahrt vorausgehenden Tagen nur einfach kurz an, lassen es stehen und versüßen ihm die Situation mit einigen Leckerchen.

Dann geht es zu den ersten Schritten vor der Kutsche möglichst ruhig über. Eine Person geht am Kopf neben dem Pony und führt es am Strick. Eine zweite Person hält die Leinen in der Hand und behält Pony und Kutsche im Auge, um notfalls eingreifen zu können. Eine dritte Person bremst bei Bedarf das Gefährt.

Für die ersten Übungsstunden brauchen Sie einen größeren Platz mit ebenem Untergrund, der es Ihrem Pony nicht zu schwer macht, die Last zu ziehen, also keinen zu großen Rollwiderstand bietet. Bald können Sie auf ruhige Wege oder eine Wiese ausweichen.

Wenn Ihr Pony bereits relativ ruhig vor dem Wagen geht, ist es an der Zeit zur Führung über die Leinen überzugehen. Sie können dazu anfangs noch neben dem Pony oder der Kutsche hergehen, wenn Sie die Leinen halten. Ein Helfer bleibt auf dem Kutschbock, um zu bremsen.

Die Hilfen sollte es bereits kennen. Wichtig ist, dass Sie eine stete und leichte Verbindung bewahren. Sie geben auch beim Fahren die Richtung durch eine Parade am inneren Zügel an, wobei der äußere Zügel entsprechend nachgeben muss, um dem Pferd die Biegung im Hals zu ermöglichen.

In jedem Falle ist es besonders wichtig, das Anhalten und Losgehen intensiv und ausgiebig zu üben! Nehmen Sie beide Leinen gleichmäßig auf und sagen Sie das gewohnte »Whoa!«. Geben Sie die Zügel erst ein wenig nach, wenn das Pony still steht – die Verbindung aber niemals aufgeben beim Anhalten! Reagiert Ihr Pony nicht sofort, dann ziehen Sie nicht kontinuierlich. Lieber geben Sie kurz wieder nach und nehmen die Zügel in Intervallen an. Seien Sie aber unbedingt nachdrücklich, bis das Pony tatsächlich steht. Eine alte Kutscherweisheit besagt, dass das junge Lehrpferd im ersten Jahr die Hälfte seiner Zeit in Anspannung im Stehen verbringt. Hierzu zählt auch das Stehen bevor es losgeht und nachdem man wieder angekommen ist. Bewahren Sie Ruhe und beweisen Sie Geduld.

Angesichts eines so wendigen Ponygespanns im Hindernisparcours schlottern den meisten Turnierteilnehmern die Knie.

Ein Pony, das jeden Tag bewegt und trainiert wird, kann auch mal eine Strecke von 20 km am Tag zurücklegen.

Übungsideen

Bögen und Schlangenlinien

Nur Wenigen steht ein Platz zur Verfügung, der den Abmessungen eines Fahrdressurplatzes entspricht. Auf der Wiese fehlt für das Schlangenlinienfahren die Orientierung an der Bande. Üben Sie dennoch, Ihr Pony saubere Schlangenlinien gehen zu lassen. Dabei steigert sich der Schwierigkeitsgrad, indem Sie die Bögen relativ eng gestalten und/oder sehr hoch ausfahren.

Trailübungen

Bauen Sie sich doch beispielsweise eine Gasse aus Stangen beziehungsweise einen Engpass aus Pylonen oder Eimern auf. Wenn es gelingt, bei dieser Übung die Kegel auf Spurbreite plus 30–50 cm stellen und damit einen ganzen Parcours (ca. 600 m) zu fahren, kann man auch getrost über die Teilnahme am Hindernisfahren bei einem kleinen Fahrturnier nachdenken.

Dieses Hindernis können Sie je nach gewünschtem Schwierigkeitsgrad breiter oder enger gestalten. Eine breitere Gasse gefolgt von einer engeren regt das Pony zum Mitdenken an und fordert Ihre Fahrkünste. Die Schwierigkeit lässt sich noch durch eine zwischen die Stangen gelegte Plane erhöhen, über welche Ihr Pony mutig hinübergehen muss. Eine ebenfalls schwierige Gasse lässt sich gestalten, wenn die beiden begrenzenden Stangen auf Strohballen oder Hindernisständern erhöht liegen. Im Fahrsport stellt man zur Herstellung eines Engpasses zwei Pylonen auf und legt einen Ball darauf, der beim Passieren nicht zu Boden gehen darf – es darf also zu keiner Berührung zwischen Kutsche und Kegel kommen. Sie können entweder solche Kegel im Handel erwerben oder Engpässe aus Eimern, Autoreifen, Strohballen oder Ähnlichem aufbauen.

Einen Slalom können Sie ebenfalls aus Pylonen aufbauen. Je enger die Elemente aneinander stehen, desto schwieriger ist es, den Slalom zu fahren.

Fahrten über Land

Erkunden Sie die Strecke vorher und besorgen Sie sich eine topographische Karte, damit Sie ungefähr planen können, welche Bodenverhältnisse und

Wege auf Sie zukommen werden. Denn mit einer Kutsche kann man nicht alle Querfeldeinstrecken bewältigen. Auf alle Fälle sollten Sie stets ein gutes Jagdmesser und einen Steigbügelriemen oder stabile Stricke an Bord haben. Im Falle von Materialverschleiß können Sie dann einen gerissenen Gurt wieder flicken, um die Fahrt fortsetzen zu können.
Beachten Sie bei Fahrten über Felder und Waldwege stets die Zumutbarkeit für Ihr Pony. Faustregel: Ein trainiertes Pony kann in der Ebene das Doppelte seines Körpergewichtes ziehen (auf gerade, asphaltierter Straße vielleicht auch etwas mehr). Im hügeligen Gelände das 1,5fache und im bergigen Land nur noch das eigene Körpergewicht. Ein untrainiertes Pony darf natürlich nicht so viel ziehen, um ihm nicht schon von vornherein den Spaß an der Zugarbeit zu verderben. Am Berg machen sich willige Beifahrer bezahlt, die auch mal abspringen und anschieben.
Sie könnten beispielsweise ein Picknick planen, zu dem Sie sich an einer Stelle mit Freunden oder im Familienkreis treffen. Im Winter können Sie sich mit einer Thermoskanne alkoholfreiem Glühwein oder heißer Schokolade aufwärmen. Ihr Pony wird dort ausgespannt und an seine Kutsche gebunden, um auszuruhen.

4.4. Handpferdereiten

Man liest immer wieder, dass sich das Handpferdereiten nur anbietet, wenn man zwei etwa gleichgroße Pferde zur Verfügung hat. Ich möchte dem entgegensetzen, dass es hier nur auf die richtige Vorbereitung und Ausführung ankommt. Man kann einem Pony leicht beibringen, durch Aufholen die Position neben dem größeren Leitpferd immer wieder einzunehmen.
Behalten Sie dabei das Pony im Auge und ziehen Sie es nicht etwa hinterher. Das kleinere Pferd bleibt das Maß der Arbeitssequenz und darf nicht überfordert werden.

An welchen Orten?

Üben Sie zunächst auf einem eingezäunten und gewohnten Gelände. Auch ein ruhiger Weg kann in Betracht gezogen werden. Später sind sie nicht mehr an einen bestimmten Platz gebunden.

Mit welcher Ausrüstung?

Als wichtigster »Ausrüstungsgegenstand« muss ein sicheres und zuverlässiges Reitpferd zur Verfügung stehen. Dieses trägt Sattel und Zaumzeug. Das Zaumzeug sollte möglichst mild sein, denn am Anfang kann es zu heiklen Situationen kommen in der Sie nicht mehr feinfühlig einwirken können. Ruckartige Bewegungen wirken sich schmerzhaft im Maul des Reitpferdes aus.
Das Handpferd trägt ebenfalls eine Trense. Es mag zwar verlockend sein, ein braves Pony lieber mit Halfter mitführen zu wollen. Bei einem Unfall jedoch, bei dem Menschen oder Sachgegenstände zu Schaden kommen, wird keine Versicherung den Schaden übernehmen, wenn Sie nur am Halfter unterwegs waren.
Des Weiteren benötigen Sie einen langen, nicht zu dicken Strick. Am Strickende machen Sie einen Knoten, damit der nicht aus der Hand gleiten kann. Am besten tragen Sie Handschuhe, um Ihre Hände zu schützen. Benutzen Sie keinen zu dicken oder zu schweren Strick durch den Ihre Hand und Ihr Arm schnell ermüden würden.
Wichtig außerdem: eine Gerte.

Mit welchen Voraussetzungen?

Wie erwähnt, brauchen Sie ein sicheres und ruhiges Reitpferd. Ihr Handpony muss sich bereits brav führen lassen, auf alle nötigen Stimmkommandos reagieren und die Gertenhilfen verstehen – also die ver-

Mit dem Handpferd im Gelände.

wahrende Position der Gerte vor der Schulter und die treibende an der Kruppe in der Bodenarbeit kennen- und verstehen gelernt haben.

Und zu guter Letzt dürfen die beiden Pferde ihre Rangordnung nicht während des Reitens zu regeln versuchen. Eine gewisse Harmonie oder mindestens ausreichend Respekt in Gegenwart des Reiters sind also Grundvoraussetzung dafür, dass die Unternehmung nicht zum Chaos wird. Wenn Sie drei unterwegs sind, sind Sie der Chef – Gedrängel und Gerangel werden auf keinen Fall geduldet!

Welches ist das Grundprinzip?

Angestrebter Idealzustand ist ein Handpony, das in allen Gangarten und mit nur leichtem Strickkontakt neben dem Reitpferd hergeht. Gerte und Stimme dienen der Koordination des Handpferdes.

Wie gehe ich vor?

Das Handpferd hat bis zum ersten Handpferdereiten gelernt, das Touchieren der Kruppe als vorwärtstreibende Hilfe zu verstehen und den vorgehaltenen Gertenknauf als Bremse. Das können Sie vor der Übung noch einmal auffrischen. Anschließend üben Sie, beide Pferde gleichzeitig zu führen. Hierbei merken Sie schnell, wie sich beide später verhalten werden.

Hat das gut geklappt, begeben Sie sich in den Sattel und lassen sich das Handpony von einer Hilfsperson rechts des Reitpferdes in die Hand geben. Zum Anreiten treiben Sie zunächst das Handpferd mit der Gerte an, ohne das Reitpferd zu verschrecken. Geben Sie am besten zusätzlich die entsprechende Stimmhilfe wie zum Beispiel ein Schnalzen. Das hören dann beide und werden nicht von der Gertenhilfe überrascht. Wenn sich Ihr Pony in Bewegung setzt, geben Sie Ihrem Reitpferd die Hilfe zum Antreten. Am Anfang muss das Handpferd Maß aller Dinge sein und Ihre Aufmerksamkeit ist ganz bei ihm – so können Sie sofort auf Unruhe oder Unsicherheit reagieren.

Nun üben Sie ruhig erst eine Runde im Schritt, bevor Sie anfangen, das Anhalten und wieder Lostreten zu festigen. Zum Wechsel in eine niedrigere Gangart oder in Situationen, in der das Handpony eventuell drängelt und zu weit vorn geht, nutzen Sie den Knauf der Gerte, um die Schranken sichtbar zu machen (nur verwahrend und nicht schlagend!).

Wiederholen Sie in Ihrer ersten Übungseinheit ruhig öfter das Anreiten und Anhalten, bis es in

3 Grundregeln für das Handpferdereiten

- ***1. Das Handpferd bestimmt die Intensität des Trainings! Dabei darf es weder hinterhergezogen werden, noch vorwärtsstürmen und das Reitpferd überholen. Dann ist das Handpferdereiten mit jeder Größenkombination von Pferden und Ponys möglich.***
- ***2. In Engpässen geht das Handpferd hinter dem Reitpferd! In Wendungen nach links muss das Handpferd zu einem fleißigeren Vorwärts angetrieben und das Reitpferd zurückgenommen werden. Wendungen nach rechts sollten nur im Notfall erfolgen; dann muss das Reitpferd entsprechend flotter gehen, das Handpferd zurückgehalten werden.***
- ***3. Reit- und Führpferd sollte stets mit einer Trense ausgerüstet sein! Ein langer Strick mit einem Knoten am Ende empfiehlt sich.***

Der Umgang mit der Gerte braucht Übung und Konzentration, damit keines der beiden Pferde gestört oder irritiert wird. Sie können sich ja genug Zeit nehmen, um alles organisieren zu lernen. Beim Reiten schwebt das lange Ende der Gerte zwischen den beiden Pferden.

Fleisch und Blut übergegangen ist. Aber nerven Sie die beiden nicht, indem Sie zu lange Konzentration fordern und das Gleiche abspulen. In einer nächsten Übungseinheit dann können Sie beginnen, kleine Trabreprisen einzulegen und Wendungen zu üben. Zum Antraben gilt wieder: zuerst das Handpferd in den Trab versetzen und danach erst das Reitpferd, wobei das Handpferd nicht überholen darf.

Für die Wendungen lassen Sie zunächst ihr Reitpferd um das Handpony herumgehen. Das Pony muss dann kürzer treten – machen Sie die Wendung also nicht zu eng. Später üben Sie die Wendung nach links, wobei Sie das Handpony entsprechend antreiben – möglichst ohne es in eine höhere Gangart zu treiben. Das würde zunächst nur Hektik verursachen. Nehmen Sie Ihr Reitpferd ruhig zurück.

Geübt werden müssen auch Engpässe, bei denen sich das Handpferd hinter dem Reitpferd einordnet. Sie delegieren es wie gewohnt mit der Gerte. Später wird es all diese Manöver so gut kennen, dass es hinten bleibt, bis Sie es ausdrücklich wieder auf Schulterhöhe holen. Wenn Sie mögen, können Sie ein spezielles Stimmkommando für den Entengang einführen.

Alle diese Übungen vom Platz ins Gelände zu übertragen, stellt Sie und Ihr Pony vor die nächste Herausforderung: Hier wird das kleinere Pony eventuell häufig auftraben müssen, um mitzuhalten. Ermuntern Sie es hierzu und loben Sie ausgiebig, wenn es das tut, ohne Ihr Kommando abgewartet zu haben. Es kann nämlich ermüdend werden, andauernd eines der Pferde zu treiben oder zurückzuhalten. Im Idealfall bemerkt das Pony, wenn es zu weit zurückgefallen ist und sucht von selbst wieder den Anschluss. Leckerlis jedoch sind hier tabu. Sie provozieren nur Futterneid und Unruhe.

Zwei Pferde können hier durchaus doppelten Spaß versprechen, wenn Sie motiviert sind, Ihre Pferde zu motivieren.

Übungsideen

Passieren einer Plastikplane

Um das Handpferdetraining abwechslungsreicher und anspruchsvoller für alle Beteiligten zu gestalten können Sie verschiedene Hindernisse einbauen: Passieren Sie eine Plastikplane zwischen zwei Stangen liegend als Engpass.

Bauen Sie dazu vor dem Reiten eine Stangengasse auf, wobei die verwendeten Stangen eine Plastikplane beschweren, über die Ihre Pferde dann gehen müssen. Beiden Pferden ist diese Übung aus der

Bodenarbeit bekannt. Ihr Pferd oder Pony erst hier damit zu konfrontieren, würde es wohl überfordern. Weisen Sie Ihr Handpony vor der Passage an, sich hinten einzuordnen. Ihr Reitpferd soll nun die Stangengasse passieren und das Pony folgen, ohne auszuweichen. Wenn das Handpony zögert, lassen Sie erst Ihr Reitpferd ein Stück passieren und geben den entsprechend langen Strick ein Stück mehr nach – nur so weit Sie noch Kontrollmöglichkeiten haben. Eine ähnliche Übung ist das Passieren einer Flatterbandgasse, bei der Sie zwischen zwei Hindernisstangen ein Band mit Absperrbandfransen spannen. Je länger die Bänder, desto anspruchsvoller ist die Übung. Sie versperren dann zum Teil die Sicht oder berühren den Körper der Pferde. Solche und andere Übungen steigern das Vertrauen.

Kleiner Sprung

Wagen Sie einen kleinen Sprung zu dritt! Dieser sollte so klein sein, dass beide Pferde aus dem Trab problemlos darüber springen können.

Treiben Sie beide Pferde ruhig im Trab an das Hindernis aus Strohballen oder Cavaletti heran. Dann geben Sie Ihrem Reitpferd die Absprunghilfe. Tun Sie dies unbedingt ohne zu zögern. Geben Sie im Moment des Absprungs des Handponys auch ihm eine Absprunghilfe mit der Gerte und wenn Sie

Das Handpony soll sich an Engstellen hinter dem Reitpferd einordnen.

möchten mit der Stimme. Diese Aufgabe erfordert viel Koordination Ihrerseits. Sie werden es mit der Zeit lernen, sich auf beide Pferde zu konzentrieren. Motivieren Sie Ihr Pony zu freudiger Mitarbeit indem Sie ihm Erfolgserlebnisse bereiten und es loben und ermuntern – aber bitte keine Leckerlis beim Handpferdereiten.

Viel Spaß im Gelände

Bei einem Ausritt ins Gelände ergeben sich spannende Begegnungen für die drei Hauptdarsteller beim Handpferdereiten. Um Bäume kann man Slalom reiten, man kann einen kleinen Bach oder eine Pfütze durchqueren und »gefährliche« Gegenstände gemeinsam unter die Lupe nehmen. Letztlich bringen Sie Ihren Pferden das Handpferdereiten für eben diese schönen Stunden im Gelände bei.

Gewöhnen Sie Ihrem Pony jedoch unbedingt das Naschen ab, sonst werden Sie jeden längeren Grashalm im Arm zu spüren bekommen. Das kann den Spaß verderben.

Springen mit Führpferd.

Antonia Schwarzkopf hat langjährige Erfahrungen in der Ausbildung von Pferden und insbesondere Ponys, denen sie sich als anspruchsvolle Freizeitreiterin besonders verbunden fühlt. Von Beginn ihrer reiterlichen Entwicklung an wurde sie vom »Pony-Spirit« erfasst und ihre Begeisterung in der Zusammenarbeit mit ganz verschiedenen Ponycharakteren geschürt. Sie hat eine umfassende westernreiterliche Ausbildung und Artikelveröffentlichungen in verschiedenen Fachzeitschriften. Als Gymnasiallehrerin und Besitzerin mehrerer Pferde besteht ein enger Kontakt zu Kindern und Jugendlichen. Daher rührt ihr engagiertes Verständnis für die Bedürfnisse von jungen Reitern und Pferdefreunden.

Unsere Erfolgsreihen auf einen Blick

Die Reitschule *(Auswahl)*

Heinrich Bergmann-Scholvien, **Arbeit an der Doppellonge**, ISBN 978-3-275-01805-5
Urte Biallas, **Bodenarbeitskurs**, ISBN 978-3-275-01830-7
Monika Hannawacker, **Zirkuslektionen**, ISBN 978-3-275-01831-4
Marlit Hoffmann, **Reiterrallyes – Reiterspiele**, ISBN 978-3-275-01850-5
Ute Holm/Carola Steen, **Westernreiten für Einsteiger**, ISBN 978-3-275-01858-1
Hannelore Leiser, **Voltigieren für Einsteiger**, ISBN 978-3-275-01856-7
Jutta Plötz, **Islandpferde – halten, pflegen, reiten**, ISBN 978-3-275-01829-1
Angelika Schmelzer, **Pferde erziehen**, ISBN 978-3-275-01709-6
Britta Schön, **Mein erster Turnierstart**, ISBN 978-3-275-01777-5
Viviane Theby, **So lernen Pferde**, ISBN 978-3-275-01804-8
Sigrid Weppelmann/Sandra Mensmann, **Longieren**, ISBN 978-3-275-01727-0
Sigrid Weppelmann, **Basispass Pferdekunde**, ISBN 978-3-275-01750-8
Inga Wolframm, **Angstfrei reiten**, ISBN 978-3-275-01729-4

Die Hundeschule *(Auswahl)*

Annegret Bangert, **Begleithundprüfung**, ISBN 978-3-275-01779-9
Ann-Sophie Griebel, **Clicker-Training**, ISBN 978-3-275-01714-0
Micaela Köppel, **Spiel und Spaß für jeden Tag**, ISBN 978-3-275-01732-4
Petra Krivy/Angelika Lanzerath, **Darf der das?**, ISBN 978-3-275-01835-2
Petra Krivy/Angelika Lanzerath, **Einer geht noch …**, ISBN 978-3-275-01863-5
Petra Krivy/Angelika Lanzerath, **Was ein Welpe lernen muss**, ISBN 978-3-275-01689-1
Petra Krivy/Angelika Lanzerath, **Hunde verstehen**, ISBN 978-3-275-01756-0
Petra Krivy/Angelika Lanzerath, **Gut erzogen von Anfang an**, ISBN 978-3-275-01731-7
Petra Krivy/Angelika Lanzerath, **Mein Hund im Flegelalter**, ISBN 978-3-275-01810-9
Uta Reichenbach/Tanja Sinner, **Agility**, ISBN 978-3-275-01660-0
Monika Schaal/Ursula Breuer, **Gastfreundlich**, ISBN 978-3-275-01862-8
Monika Schaal/Ursula Breuer, **Komm zu mir!**, ISBN 978-3-275-01623-5
Monika Schaal/Ursula Daugschieß-Thumm, **Lockere Leine**, ISBN 978-3-275-01621-1
Andrea Schmidt/Gunter Mattes, **Flyball**, ISBN 978-3-275-01912-0
Beate Schwarz, **Dummy-Training**, ISBN 978-3-275-01690-7
Manuela van Schewick, **Apportieren mit Spaß**, ISBN 978-3-275-01754-6

happy cats *(Auswahl)*

Sylvia Born, **Katzenkinderstube**, ISBN 978-3-275-01864-2
Nina Ernst, **Zufriedene Stubentiger**, ISBN 978-3-275-01760-7
Gabriele Müller, **Miau – Katzensprache richtig deuten**, ISBN 978-3-275-01782-9
Gabriele Müller, **Katzenspiele**, ISBN 978-3-275-01811-6
Annette Thomée, **Gesunde Katze**, ISBN 978-3-275-01839-0

Jedes Buch mit 96 Seiten,
ca. 80 Abb., broschiert,
je **€** 9,95/CHF 18,90/**€**(A) 10,30